国家示范性高等职业院校艺术设计专业精品教材

高职高专艺术学门类「十三五」规划教材

环境艺术设计效果图表现技法

HUANJING YISHU SHEJI XIAOGUOTU BIAOXIAN JIFA

主 编 吴传景 张学凯

副主编 谈 飞 申思明 张 玲 顾正云 瞿思思 汤池明 吴新华

参编 殷绪顺 欧阳玺 李 瑶 王甲成 孙 芬 陈 斌 李 莉

U0303167

华中科技大学出版社
http://www.hustp.com
中国·武汉

内 容 简 介

全书从环境艺术设计专业的需求出发，以技能训练为主线，系统地介绍了环境艺术设计效果图表现技法的基本理论、表现基础与训练方法等课题，包括环境艺术设计效果图的基本原理、环境艺术设计效果图的透视表现、环境艺术设计效果图的钢笔速写表现、环境艺术设计效果图的彩色铅笔表现、环境艺术设计效果图的马克笔表现、环境艺术设计的水彩表现、环境艺术设计的水粉渲染效果图表现、环境艺术设计喷绘效果图表现技法、环境艺术设计效果图的快题设计等内容。科学地将理论与技法、技法与应用融为一体，积极倡导基础教学与专业设计紧密结合并学以致用的编写理念。全书最后还给出了环境艺术设计效果图的优秀作品，可供学生临摹和参考。

图书在版编目（CIP）数据

环境艺术设计效果图表现技法 / 吴传景，张学凯主编. — 武汉：华中科技大学出版社，2016.8（2024.8重印）
高职高专艺术学门类"十三五"规划教材
ISBN 978-7-5680-1656-8

Ⅰ.①环…　Ⅱ.①吴…　②张…　Ⅲ.①环境设计－高等职业教育—教材　Ⅳ.①TU-856

中国版本图书馆 CIP 数据核字(2016)第 066293 号

环境艺术设计效果图表现技法
Huanjing Yishu Sheji Xiaoguotu Biaoxian Jifa

吴传景　张学凯　主编

策划编辑：彭中军
责任编辑：张会军
封面设计：孢　子
责任校对：曾　婷
责任监印：朱　玢
出版发行：华中科技大学出版社(中国·武汉)　　电话:(027)81321913
　　　　　武汉市东湖新技术开发区华工科技园　邮编:430223
录　　排：武汉正风天下文化发展有限公司
印　　刷：广东虎彩云印刷有限公司
开　　本：880 mm × 1230 mm　1/16
印　　张：11.5
字　　数：361 千字
版　　次：2024 年 8 月第 1 版第 3 次印刷
定　　价：49.00 元

国家示范性高等职业院校艺术设计专业精品教材
高职高专艺术学门类"十三五"规划教材
基于高职高专艺术设计传媒大类课程教学与教材开发的研究成果实践教材

编审委员会名单

国家示范性高等职业院校艺术设计专业精品教材
高职高专艺术学门类"十三五"规划教材
基于高职高专艺术设计传媒大类课程教学与教材开发的研究成果实践教材

组编院校(排名不分先后)

广州番禺职业技术学院	湖南大众传媒职业技术学院	天津轻工职业技术学院
深圳职业技术学院	黄冈职业技术学院	重庆城市管理职业学院
天津职业大学	无锡商业职业技术学院	顺德职业技术学院
广西机电职业技术学院	南宁职业技术学院	武汉职业技术学院
常州轻工职业技术学院	广西建设职业技术学院	黑龙江建筑职业技术学院
邢台职业技术学院	江汉艺术职业学院	乌鲁木齐职业大学
长江职业学院	淄博职业学院	黑龙江省艺术设计协会
上海工艺美术职业学院	温州职业技术学院	冀中职业学院
山东科技职业学院	邯郸职业技术学院	湖南中医药大学
随州职业技术学院	湖南女子学院	广西大学农学院
大连艺术职业学院	广东文艺职业学院	山东理工大学
潍坊职业学院	宁波职业技术学院	湖北工业大学
广州城市职业学院	潮汕职业技术学院	重庆三峡学院美术学院
武汉商学院	四川建筑职业技术学院	湖北经济学院
甘肃林业职业技术学院	海口经济学院	内蒙古农业大学
湖南科技职业学院	威海职业学院	重庆工商大学设计艺术学院
鄂州职业大学	襄阳职业技术学院	石家庄学院
武汉交通职业学院	武汉工业职业技术学院	河北科技大学理工学院
石家庄东方美术职业学院	南通纺织职业技术学院	江南大学
漳州职业技术学院	四川国际标榜职业学院	北京科技大学
广东岭南职业技术学院	陕西服装艺术职业学院	湖北文理学院
石家庄科技工程职业学院	湖北生态工程职业技术学院	南阳理工学院
湖北生物科技职业学院	重庆工商职业学院	广西职业技术学院
重庆航天职业学院	重庆工贸职业技术学院	三峡电力职业学院
江苏信息职业技术学院	宁夏职业技术学院	唐山学院
湖南工业职业技术学院	无锡工艺职业技术学院	苏州经贸职业技术学院
无锡南洋职业技术学院	云南经济管理职业学院	唐山工业职业技术学院
武汉软件工程职业学院	内蒙古商贸职业学院	广东纺织职业技术学院
湖南民族职业学院	湖北工业职业技术学院	昆明冶金高等专科学校
湖南环境生物职业技术学院	青岛职业技术学院	江西财经大学
长春职业技术学院	湖北交通职业技术学院	天津财经大学珠江学院
石家庄职业技术学院	绵阳职业技术学院	广东科技贸易职业学院
河北工业职业技术学院	湖北职业技术学院	武汉科技大学城市学院
广东建设职业技术学院	浙江同济科技职业学院	广东轻工职业技术学院
辽宁经济职业技术学院	沈阳市于洪区职业教育中心	辽宁装备制造职业技术学院
武昌理工学院	安徽现代信息工程职业学院	湖北城市建设职业技术学院
武汉城市职业学院	武汉民政职业学院	黑龙江林业职业技术学院
武汉船舶职业技术学院	湖北轻工职业技术学院	四川天一学院
四川长江职业学院	成都理工大学广播影视学院	

前言

QIANYAN

近年来，在我国的教育事业中，高等教育是发展最迅速的一个部分，而高职高专教育处于高等教育金字塔的基座，在国家经济建设和人才培养战略中占有的地位尤其重要。高职高专教育承担着培养技术型人才和技能型人才的重要任务，是直接影响国家经济发展的重要因素。长期以来，我国的传统教育缺乏对这个层次教育特点和教学规律的研究，在教学方法、教材建设上往往一味求高、求大、求全，忽视了技能、技术教育的专业特色，没能抓住高职高专教育的核心问题，使高职高专教育普遍成为普通大学的缩减版。

环境艺术设计效果图手绘技法的表现优势是快捷、简明、方便，能够随时记录和表达设计师的灵感，是设计师艺术素养与表现技巧综合能力的体现。没有对环境艺术设计效果图深刻的理解是画不好效果图的。《环境艺术设计效果图表现技法》的编写从我国高等职业院校艺术设计教学的需要出发，凝聚了第一线教师教学的实践经验，总结了课程改革的成果。

通过对环境艺术设计效果图的学习与鉴赏，不仅可以锻炼观察力和表现力，更可以陶冶艺术情操，感受大自然的灵气，从而激发出创作的激情与灵感。本书依据我国高等院校艺术设计相关专业教学大纲和教学计划的规范要求，坚持理论与实践相结合、当前与未来相结合的原则，突出环境艺术设计类专业的应用性特点，融艺术、技术、观念、探索于一体，具有结构完整新颖、内容丰富翔实、系统性与示范性强、适用面广等特点。本书主要是针对环境艺术设计学生的基本功训练而编写，理论知识通俗易懂，技法表现由浅入深，图片丰富，可供学生临摹和参考。本书可作为全国高等职业院校环境艺术设计及相关设计专业教材使用，同时也适合作为设计爱好者的自学用书。

编　者

2016 年 7 月

目录 MULU

第一章
环境艺术设计效果图的基本原理 ....

HUANJING
YISHU
SHEJI XIAOGUOTU
BIAOXIAN JIFA

◀ ◀ ◀ ◀

◀ ◀ ◀ ◀

环境艺术设计是指对于建筑室内外的空间环境，通过艺术设计的方式进行整合设计的一门实用艺术。环境艺术设计作为现代艺术设计学科之一，其艺术设计风格的形成和变化，同建筑学的关系是密不可分的。建筑作为整个环境空间的主体，是环境艺术的载体，环境艺术设计的发展变化离不开建筑主体空间。环境艺术是人为创造的，是人类生活艺术化的生存环境空间。

环境艺术是绿色的、和谐与持久的艺术与科学。城市规划、城市设计、建筑设计、室内设计、城雕、壁画、建筑小品等都属于环境艺术范畴。效果图是通过图片等形式来表达作品所需要以及预期达到的效果的，从现代意义上来讲，它是通过模拟真实环境而得出的高仿真虚拟图片。从建筑、工业等细分行业来看，效果图的主要功能是将平面的图纸三维化、仿真化，通过高仿真的制作来检查设计方案的细微瑕疵，是对项目方案进行修改的依据。

在环境艺术设计中，技术与艺术是相结合的系统设计过程，每项任务都是在设计师的整体构想指导下，以图、文字、数据等表现形式分别拟定出来。当设计师展开某一方案时，必须将有关的图示、图形和资料详细解读之后经多方思考，对其信息进行综合处理与表现，从而构建出设计方案的印象。

在这种构建印象的过程中，对技术方面的信息可通过数据和规范程式去把握，而对于艺术效果，如空间与造型关系、整体色调与局部色彩关系、材质与环境协调关系、布光与投影关系、视觉与效果关系等方面往往需要通过设计表现图的形式进行表达。表现图包括设计预想图（又称环境设计效果图）和设计制图（又称施工图）两类。这两类表现图的共同之处是以图示形式直观地表达环境设计方案。其不同之处在于，设计预想图以通过艺术形象传达环境感受为主，设计制图则通过标准尺度强调施工的技术数据，如图 1-1 至图 1-5 所示。

本书遵循教学秩序与知识结构的分工要求，就环境效果图的表现形式进行研究。效果图的表现手法是多种多样的，如手绘、电脑绘制、模型等，因课程教学内容的区别，本书主要讲解手绘表现技法方面的内容。

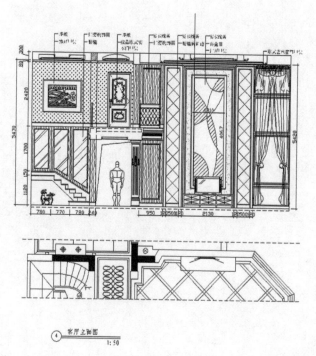

图 1-1 室内施工图

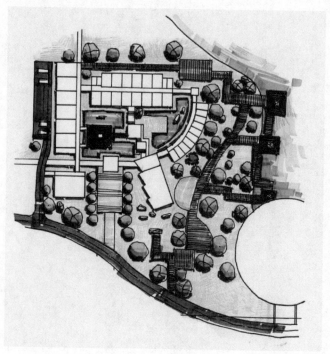

图 1-2 景观施工图

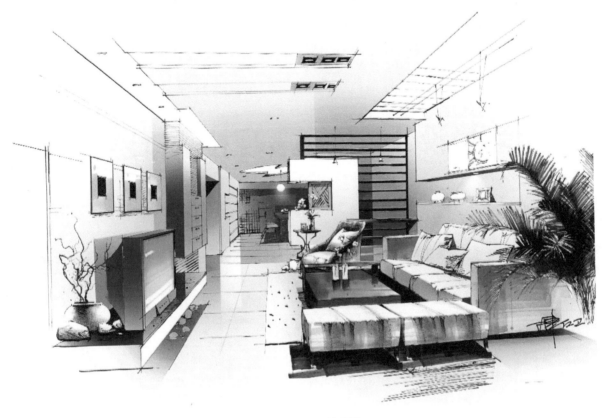

图 1-3　室内效果图

图 1-4　景观速写效果图

图 1-5　景观效果图

第一节

环境设计效果图表现技法概述 ◀◀◀◀

　　概括地讲，效果图表现技法就是能够形象地表达环境设计师的设计意图和构思的表现性绘画及其多种表现手段，是介于一般绘画作品与工程技术绘图的另一种绘画形式。

一、环境设计效果图表现技法的概念 　　　ONE

　　这里所指的环境设计效果图表现技法，限定在建筑与环境设计的过程中，是指除了方案设计图、技术设计图和施工详图等技术性图纸之外，能够形象地表达设计师设计意图和构思的表现性绘画，多种技术与艺术结合的表现手段也属此列。依仗环境设计效果图在信息上更为直观的特点，设计师可与客户或有关方面进行充分的讨论，或更直观地展示设计过程与设计结果。这种表现的过程，是对未来构筑形象或环境设计预想空间的一种预示，同时也是建筑及环境设计师创作思维过程与结果的呈现。环境设计效果图的作品规格与一般为收集创作素材、训练基本功而进行的写生、构图有所不同，因为效果图作品的创作过程是一种"有计划地预想"的表达过程，因此，一般也将其称为"环境设计预想图""渲染图"或"建筑效果图"。环境设计效果图与建筑和环境设计制图的平面图、立面图和剖面图各不相同，效果图的主要特征往往是在平面上通过空间透视表达"三维"效果的画面，因此也称之为"环境设计透视图"，它属于建筑绘画的一个重要方面，也是一种建立在科学地和客观地表达空间关系和现代透视学基础之上的绘画方法。

　　根据设计的整体效果和艺术表现特征的需要，表现"形与色"的真切气氛、具备形神兼备的真实感是环境设计效果图追求的更高境界。其特色主要体现在以下三个方面。

　　（1）专业特色——离不开建筑的专业特点。

　　（2）形象特色——因地制宜地体现室内外建筑环境形象。

　　（3）表现特色——材质、色彩、光影、透视等构成因素。

二、环境设计效果图的发展和成熟 　　　TWO

　　早在我国春秋战国时期的器具上就出现了建筑的图面形象，但一般都作为背景陪衬角色存在。汉、魏晋、南北朝、五代以来，壁画中的建筑环境由单体发展到群组，表现方法多为阴阳向背，产生了具有体量的立体效果。早在北宋年间，中国画中有关建筑的描绘已独立发展成为一项专门的画种——界画。同时，一些画家掌握了一定的透视效果的表现技法，创造出《清明上河图》等精湛作品。虽然至北宋年间，中国的画家已经掌握了相当多的透视知识，但此后的几百年间，中国人的透视理论一直顺应文人画家的"寄情写意"技法之中，深深浅浅地留下了"散点透视"的斑斑履迹。明清时代是园林设计的顶峰时期，在理论和实践上都获得了辉煌的成就。明代在元大都太液池的基础上建成西苑，扩大西苑水面，增南海。明清时代的私家园林建筑在苏州、杭州、扬州一带蔚然成风。清康熙和乾隆年间的皇家园林，"三山五园"，以万寿山清漪园（后改名颐和园）最为突出。同时，一批建筑环境的绘画应运而生，体现了我国古代的效果图表现技法进入一个辉煌时期。实例如图1-6至图1-10所示。

在西方，古罗马的建筑大师维特鲁威在公元前1世纪时就曾提到过用绘画表现建筑形象的问题。而古希腊的哲学家阿纳萨格拉斯在公元前5世纪时也曾经阐释过透视现象的原理，在古希腊就曾萌生了透视画法的雏形。欧洲在意大利文艺复兴运动以后，真正将透视作为一门科学知识来研究，为人类作出了重大贡献。凭借透视学的发现，后世的艺术家、设计师、建筑师们得以在平面上创造逼真、立体的艺术形象。在意大利，从15世纪开始研究的透视法技术，创造出画面结构的宽度和深度，使线性图面中所有曲线汇集于唯一的投影点。佛罗伦萨人布鲁内莱斯基对科学透视情有独钟，他把研究成果很快推向建筑学的领域。17—18世纪形成了现在常用的透视作图方

图1-6　有透视效果的古代绘画

图1-7　描绘建筑的绘画

图1-8　有艺术性的古代景观绘画

图1-9　精致的古代建筑群绘画

图 1-10 古代园林景观

法。到了 19 世纪，布鲁克及海姆荷尔茨运用几何学的原理，完善了现代透视学。从此，透视得以广泛地运用于建筑、绘画等视觉表现领域。实例如图 1-11 至图 1-15 所示。

　　水彩渲染画技法在 18—19 世纪的欧洲达到辉煌。英国、法国、德国等国家的画家和设计师把透视学知识与绘画技法及建筑设计结合在一起，发展成为用钢笔、铅笔和水彩等工具绘制地形画、建筑画、风景画等各类透视图的技法，成果突出的有德拉克洛瓦、透纳、康斯泰布尔、波宁顿等一批大师，大大拓宽了直观表现的环境设计效果图领域。实例如图 1-16 至图 1-18 所示。

图 1-11　精细刻画的建筑局部

图 1-12　教堂建筑的空间表现图

图1-13　以严谨的透视法则表现的建筑

图1-14　精细刻画的室内透视图

图1-15　有严谨透视关系的古典建筑

　　20世纪初，随着欧洲现代主义运动的产生，兴起了以功能主义为特征的现代建筑运动。同时，现代艺术中的表现主义和立体主义绘画风格也在一定程度上影响了建筑与环境设计表现图的风格。现代派的建筑大师创造了以全新的视角与全新的表现手段来表达建筑设计的新观念。该时期环境建筑表现图的面貌，呈现出与现代主义绘画艺术相似的多元性和表现性。

　　随着计算机辅助设计的广泛运用和新材料、新技术的大量出现，至20世纪80年代，建筑与环境设计表现图

图1-16 水彩表现的大街

图1-17 展示结构和空间的建筑渲染图

图1-18 水彩表现的室内空间

出现了专门化和职业化的趋势。建筑设计与室内设计在设计方法与表达方式上都出现了许多新的要求和标准。在计算机平台上开发的大量辅助设计软件进入建筑设计、环境设计和其他设计领域。计算机辅助设计软件目前已经大量运用，诸如 Auto CAD、3DsMax 等设计软件，可模拟出极为真实的建筑外观和室内外空间景观，甚至能够通过计算机软件中动画技术的运用，以运动的视点和变化的视角观察建筑形象和室内外空间环境，从观念上改变了以往建筑表现图的概念。实例如图 1-19 和图 1-20 所示。

图 1-19 计算机制作的建筑图

图 1-20 计算机制作的室内效果图

　　在高新技术飞速发展的今天，手工绘制的环境设计效果图在新材料和新技法的运用上也呈现出丰富多样的形态。这种徒手表现技法，灵活地表现出现代空间氛围、景观创新意念和设计师的创造意向，其新颖而极富表现力的表现风格，使之在众多的艺术表现手法中仍然处于重要的地位。实例如图1-21至图1-23所示。

图1-21　快速手绘景观图

图1-22　快速手绘表现的建筑效果图

图 1-23 手绘室内设计效果图

三、环境设计效果图的作用与要求 THREE

　　如前所述，效果图是通过艺术形象表达"感受"的一种手段。当然，设计师仅仅借助感受和经验去理解设计是不完整的，形象思维是一种复杂的思维形式，各个个体的思维结果也难以一致。环境设计效果图的表现目的就是为了让人们直观地了解设计师的意图，成为客户和服务对象审阅与修正意见的依据。因此，要求设计师对视觉形象和审美形式有较大的把握，并能以某种恰当的形式语言，较准确地表现出方案中有关形象的整合关系，表达出环境的气氛与真实感，易于被人理解和接受，在招标和业务竞争中能起到重要的作用。

　　为此，要求设计师必须忠实于设计方案，尽可能准确地反映出设计意图，并尽可能表达出构筑物、织物等材料的色彩与质感。效果图是对设计项目的客观表现，不能像绘画那样过多注重主观随意性，也不能像工程制图那样"循规蹈矩"，应表现出较高的艺术性，因此，需掌握两个基本功，即正确的透视绘图技能和较强的绘画表现能力。具体要求如下。

　　(1) 透视准确，结构清晰，陈设比例合理。

　　(2) 素描关系明确，层次分明，立体感强。

　　(3) 空间层次整体感强，界面、进深度变化适当。

　　(4) 不同空间环境中的色彩应有鲜明的基调。

四、环境设计效果图的表现思维　　FOUR

从理论上讲，设计表现是在设计方案完成之后进行综合设计的一种表现方式。根据这层含义，设计方案的成败取决于设计本身而不是设计表现。但是在实际的操作中，优秀的设计表现效果图不仅能够准确地反映出设计的创意和形式，还能够通过对设计形式和形象的整体感受，特别是对设计空间及形态的体量关系、材质和配色关系的直观视觉感受，有效地把握设计的预想效果。因此，通过效果图的表现，也可对设计方案和项目要求进行补充、修改与调整。

1. 环境设计效果图的设计表现

艺术形式拙劣的环境设计效果图，不仅不能引起人们对设计方案的兴趣，而且因为对设计意图的某些扭曲，很容易使人对设计目标的合理性产生怀疑，甚至否决设计创意。从理论与实践两个角度去认识，可以较客观地处理设计与设计表现图之间的关系。设计师在充分而合理地把握、策划设计的各个环节的前提下，可强化设计表达的形式语言，提高设计图表现技法，形成完整、合理、感染力强的表现效果，从而使设计方案为人们所接受。

设计与设计表现是针对同一目标采用的不同方式的操作过程。设计师把设计方案的整体构想分解落实到各个项目计划，以便深入设计，再通过效果图的表现把各项计划中的设计要素综合，从而表现出整体视觉效果，以便检验和审核设计方案的可行性。设计与设计效果图共同构成了完整的设计方案。

一旦设计师对设计构想过于自信而忽略设计表现，不能给人提供形象化的判断依据，则难以获得人们对设计方案的认同，有损设计目标的实施。但设计的表现效果过于形式化，缺乏创意，也不可能出现好的设计方案，效果图则形同虚设。

环境设计效果图作为传达设计形式的语言之一，是以设计中各项目计划为基本依据的形象化图示语言。项目计划界定了效果图的内容与目的，同时，效果图的图示与相应的制图数据成为设计表现的基本参照，也成为设计施工的依据。实例如图 1-24 至图 1-26 所示。

在设计图示符号与效果图表现的图示形象两种语言之间，是否需建立某种关联呢？效果图是以模拟三维空间表达设计的整体构想，而设计制图则是分项提供的多角度、多图面的平面视图，怎样才能将平面视图转换为三维视图方式呢？怎样才能将分项目设计组合为一个整体呢？这一系列问题成为设计表现的基本问题。要解决这些问题，

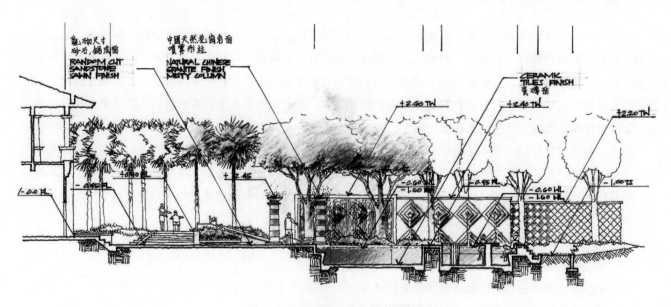

图 1-24　有设计标注的景观效果图

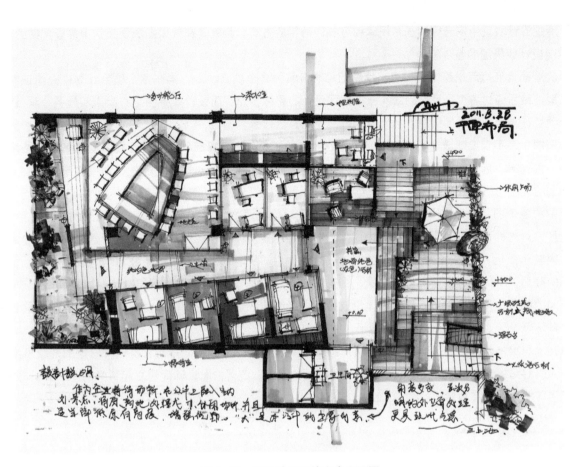

图 1-25　有设计说明的室内平面图

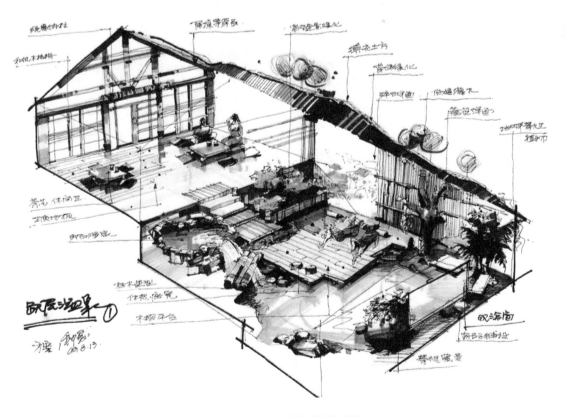

图 1-26　有标注说明的手绘景观图示

必须先搞清楚设计表现中应遵循的基本规律和可操作的相应方式，也就是在效果图表现技法中需要把握的准则。

2. 环境设计效果图的整合思维

设计的过程是先拟定出整体的构想，然后把构想分解为各个项目计划，再在各个项目计划中去论证和规划出可行的方案，最后通过各个项目计划的实施，实现设计的整体构想。而设计效果图是在尚未实施各个项目计划时，把握各个项目计划可能产生的结果，从而表现出设计的整合效果。

在效果图中，不仅要严谨地把握各个项目计划的特点要求，更要把握各个项目计划方向的关系及其构成的完整性和统一性结果。因此，设计表现过程中整合思维方法是十分重要的。环境设计效果图中的整合思维方法是建立在较严密的理性思维和富有联想的形象思维之上的。实例如图 1-27 和图 1-28 所示。

设计中的各个项目计划给出的界定，在效果图中是以理性思维方式去实现的，如空间的大小、设备的位置、物体的造型、灯光的设置等，都可以按照设计制图中的图示要求作出相应的效果图，运用透视作图的方法将各透视点上的内容形象化。但是，各部分形象的衔接和相互作用却只能以富有联想的形象思维方式去实现，如空间的大小与光的强弱，物体的远近与画面的层次，受光、背光的材质与色彩变化投影的形状、位置等，都是在考虑各部分形象间的相互作用和影响所产生的整体气氛效果中形成的。这种既有理性数据要求，又有感性想象要求的思维方式，是环境设计效果图中整合思维的核心。

环境艺术思维的基本素质是什么呢？是对形象敏锐的观察能力和感受能力，它是一种感性的形象思维，更多地依赖于人脑对可视形象或图形的空间想象。这种素质的培养，还得依靠设计师建立起科学的图形分析思维方式，以此规范为环境设计的特种素质。

图 1-27　构思严谨的景观效果图

图 1-28 有完整性和统一性的城市规划效果图

第二节

效果图表现技法的特性 《《《

　　环境设计效果图的表现技法有各种形式，有的严谨工整，有的粗放自由，有的单纯明了，有的细腻精巧，有的色调统一，有的材质分明，有的结构清晰，有的光影强烈……这些表现形式具有各自的艺术表现个性和强烈的艺术表现效果，它们都集中地反映了设计方案中凸显的某些特征或风格特点，对设计方案的真实性反映虽然不能面面俱到，但能将设计的主旨与艺术形式有机结合起来，以此强化设计方案整体效果的真实性。

一、仿真性　　　　　　　　　　　　　　　　　　　　　　　　ONE

　　所谓仿真性，就是将设计项目中规定的构筑物、室内外空间、质感、色彩、结构等表现内容进行相当真实的描绘和艺术加工。手绘效果图的表现是环境设计中新的视觉传达形式。通过徒手的绘画表现，将环境的外部立体形态效果用非常写实、十分精细的手法绘制出来。但是，这里还必须强调表现的写实性（当然不同于绘画的真实性，实际上是"真切性"），仅仅忠实地反映设计项目计划给出的内容和条件，并不是设计表现真实性的全部内容。如果仅是机械地复制设计方案的内容，缺乏艺术性的处理能力，将会失去设计中许多富于美感的特质，造成表现效果虽然严谨却丢失感染力的结果。

在环境设计的总体方案确定后，对每一个具体细节都需进行构想设计的完善，把整个环境空间及其细节的造型、色彩、结构、工艺和材料表面的质感等方面的成品预想效果充分、准确地表现出来，为设计审核、设计制图、设计模型和生产施工提供可靠依据（见图1-29至图1-31）。效果图传达的真实性侧重于表现设计的"真切性"，而不是现实的"逼真性"，基于此，确立设计表现应有的自身形式语言"仿真性"。

图1-29 有斑驳肌理效果的老墙效果图

图1-30 精致、华丽、逼真的效果图

图1-31 造型、结构和质感均佳的效果图

二、表现性 TWO

　　视觉感知通过手在纸面上绘制出图形的过程称为表现，所谓表现性，是指纸面的图形通过大脑的分析得出的新的发现。表现与发现的循环往复，使设计抽象出需要的图形概念，这种概念再拿到方案设计中去验证，获得进一步的或意想不到的新境界。抽象与验证的结果在实践中运用，成功运用的范例又可激励设计者的创造情感，从而开始下一轮的创作过程。效果图的设计表现与纯绘画作品不同，纯绘画作品追求实体感觉的逼真效果，可以投入大量的时间进行形象的深入表达，并体现一种技能再现生活情景的观赏性价值；而效果图的"仿真性"表现，并不是依据设计对象进行完全真实的写照（写生效果），而是对设计方案预想效果的表达和想象表现。把现实生活的体验作为唯一的描绘准则，是费力不讨好的做法，可采用非写实的表现手法和各种技法进行效果图的表现。

　　环境设计效果图的价值体现在能准确把握设计方案的总体效果，有助于人们对设计方案的认同上。我们应根据设计方案中既定的内容和条件进行准确而充分的表现。可是，设计方案中各个项目计划之间相互作用的整合效果才是设计的最终结果，而在设计方案中对结果是没有给出明确界定的，只能通过理解、想象和艺术的表现手法去实现。

　　在设计过程中，出于不同目的的艺术表现，在设计方法及形式语言的表达方式会有很大差别，在设计表现中，设计的风格和个性是设计的灵魂，它集中地反映在整体效果的"意"和"趣"之中。这种"意趣"不是通过逻辑描述能够得到的，而是付诸某种艺术形式去体现，并被人们所感受的。可见，设计表现的真实性不是只孤立地描述形象的结构细节，而是应该以恰当的艺术形式去表现那些情节和它们所构成的审美特征。只有形成鲜明的艺术表现风格，才能真实地反映出设计的内涵和特点，才能更具艺术的表现力和感染力。实例如图 1-32 至图 1-34 所示。

图 1-32　有逼真艺术效果的景观效果图

图 1-33　有写意性的室内手绘

图 1-34　构思巧妙的景观场景

三、便捷性 THREE

　　便捷性，是指在效果图的技法表现中，常常采用新型工具与材料快速勾勒出表达设计师意图的形象性图画。与平面制图图示语言相比，效果图的形象语言表达起到了一种快速翻译和强化形象的解释作用。设计制图中的图示符号，以它简洁的几何形、点、线、面等描述了设计各方面的企划，是设计构想的图形示意，使受过专业训练的人能够易识易懂。而效果图将平面的制图符号转换成具有三维化和形象化特性的图形，既是设计构想的图形示意，又具有一定的绘画性特征，使人能从更多层面去识别，并具有真实感。效果图中图示形象的描述，具有一定的典型化和程式化特性，需把握事物的本质规律，克服过于模仿自然的描述，排除干扰设计主题的不必要细节，从而清晰、准确地表现设计的整体构想。制图语言和表现图语言的依据和目的是一致的，都是以设计构想为前提去示意设计结果，而以效果图方式示意设计方案，则侧重于使人们易于接受。实例如图 1-35 至图 1-37 所示。

图 1-35　简单勾勒的景观效果图

图 1-36　构思简洁的室内效果图

图 1-37　清晰而准确的景观效果图

四、启示性　　　　　　　　　　　　　　　FOUR

　　启示性，是指为了让客户和服务对象了解设计方案的性能、特色和尺度，在设计效果图的展示方案中进行的相关注解或说明。启示性，具有成为现实可能性的预示，虽不是现实，但却是对某一具体事物的现实反映，是对现实事物的本质特征和发展规律的应用，同时还有更多创造性的内涵。启示性，还具有一定的启发性，在表现物体的结构、色彩肌理和质感的绘制过程中，可启发设计师产生新的感受和新的思路与思想，从而更好地完成设计作品。

　　效果图通过启示性表现，产生图解思考。图解思考本身就是一种交流的过程，这种过程也可看作自我交谈，在交谈中作者与设计图相互交流。交流过程涉及纸面的绘制形象、眼、脑和手，这是一个图解思考的循环过程，通过眼、脑、手和绘制四个环节的相互配合，在从纸面到眼睛再到大脑，然后返回纸面的信息循环中，通过对交流环节的信息进行添加、删减、变化，选择理想的构思。实例如图 1-38 至图 1-40 所示。

　　在设计表现中，熟练地掌握和运用效果图技法的艺术语言，在提高作品的表现深度和感染力，增强人们对设计的全面认识以及为设计施工提供佐证和依据等方面都有十分重要的作用。通过图示形式来表达工程技术的设计观念、交流技术与艺术思想的图样化过程通常称为技术语言。

图 1-38　构思新颖的效果图

图 1-39　表现石头和路面质感的效果图

图 1-40　技法娴熟、质感逼真的室内效果图

五、徒手表现 　　　　　　　　　　　　　　　FIVE

　　所谓徒手表现，是指借助于各种绘画工具手工绘制不同类型的效果图，并对其进行设计分析的思维过程。就环境艺术任何一项专业设计的整个过程来说，几乎每一个阶段都离不开徒手表现。概念设计阶段的构思草图，包括空间形象的透视图与功能分析的线框图；方案设计阶段的草图，包括室内外设计和园林景观设计中的空间透视图；施工设计阶段的效果图，包括装饰图和表现构造的节点详图等。可见离开徒手表现进行设计几乎是不可能的。

　　设计者无论在设计的哪个阶段，都要习惯用笔将自己一闪而过的想法落实到纸面，这样不仅可以培养图形分析思维方式的能力，而且在不断的图形绘制过程中，也会触发新的灵感。图形分析思维是一种大脑思维形象化的外在延伸，完全是一种个人的辅助思维形式，优秀的设计往往就诞生在那些看似纷乱的草图当中。不少初学者喜欢用口头的方式表达自己的设计意图，这样是很难被人理解的。在环境设计领域，徒手表现图形是专业沟通的最佳方式，因此，掌握图形分析思维方式就是设计师的一种职业素质的体现。

　　徒手表现一幅环境设计图时，常使用钢笔、墨水笔、彩色铅笔、马克笔、水彩、水粉或其他材料进行表现，产生富有感染力的效果，为人们所喜爱，从而缩短了设计师与服务对象的距离。徒手表现分为精细表现与快速表现两种，它们的区别在于时间和表达的精细程度的差异。

　　精细表现也称慢工表现或细化表现，往往需要花好几天工夫或更长时间，才能把效果图表现得极为精细，如同喷绘，具有强烈的视觉感染力。实例如图1-41至图1-43所示。

图1-41　精细表现的钢笔建筑画

图 1-42　马克笔与彩色铅笔混合使用的室内效果图

图 1-43　逼真的马克笔景观效果图

　　快速表现则是一种即时性、应时性的表现，以较短时间刻画出设计方案的大致效果，具有概括性、精练性、速写性的效果，这种表现方法被设计师广泛采用。实例如图 1-44 至图 1-46 所示。

图 1-44　概括性很强的速写

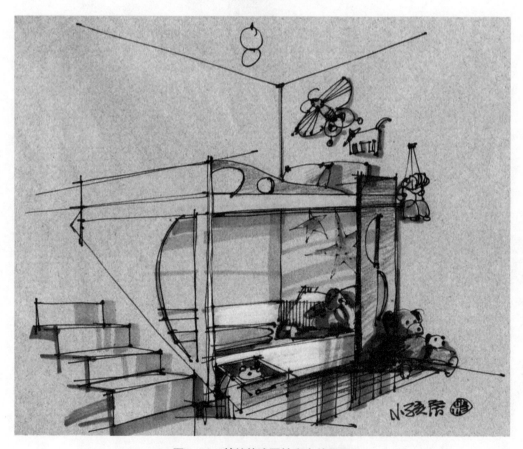

图 1-45　精练的速写性室内效果图

图 1-46 简洁、概括的景观效果图

第三节

效果图表现技法的基本功 《《《

在环境艺术设计的全过程中，无论是起初的草图表现，方案设计阶段的预想表现，还是设计结果的终极形象表现，优秀的建筑及环境设计效果图，都充分体现了设计师的设计表现与绘画技巧等多方面的能力，也是设计师艺术修养的综合体现，诸如透视与构图能力、素描与速写能力以及色彩知识与运用能力等。此外，还应掌握一定的结构、功能、构造等方面的工程技术知识。可从以下几个方面来认识环境艺术设计效果图对专业基本功的要求。

一、环境空间的透视表现 　　　　　　　　　　　　ONE

　　环境设计效果图中的空间表现技法，依赖于艺术基本功的磨练。透视画法是一项表现环境空间和驾驭造型艺术本质的最奏效的技术，也是建筑师、设计师体验并把握空间感觉的方法。一般人常认为透视作图很专业、很难学，实际上，任何人只要从基本的方法开始练习并反复应用，便能画好一张环境空间的透视效果图。

　　专门的透视学课程能使我们学习到表现各种场景下透视现象的制图方法，然而在实践中能融会贯通并以最简捷的方法刻画出特定的空间透视轮廓，并非一日之功。从环境设计效果图的特点来看，常用的透视方法主要有"平行透视""成角透视"和"三点透视"等。

二、效果图表现的绘画基础要求、色彩运用及学习方法　TWO

　　环境设计效果图表现的过程，是在一定的社会环境与经济条件下进行的一种创作活动，社会环境与经济条件也是限定条件。因此，在创作中不能采用"纯艺术"的绘画创作方式，然而，"艺术地再现真实"却又意味着效果图创作仍然离不开绘画的基础。

　　手绘的表现方式对设计者的绘画基本功要求比较高，既要在设计上有其独到之处，又要从艺术欣赏的角度给人以美的感受，这就要求设计者具备较强的素描功底与色彩的表现能力。作为展示或用于工程投标的环境设计效果图，既要完整、精确、艺术地表达出设计的各个方面，同时又必须具有相当强的艺术感染力。一幅完整的效果图在很大程度上依赖于形象的塑造、色彩的表现和气氛的渲染。

　　环境效果图的绘制中，色彩的设计尤其重要。设计者首先需要具有良好的色彩感觉和色彩学素养，具备对色彩主色调、冷暖色、明色、暗色、同色系与补色系等各个方面的调控能力，在这个基础上进一步研究色彩在心理反应方面的普遍规律，同时密切关注色彩的流行趋向，有目的、有计划地选择用色，以达到吸引观众、强化环境渲染效果的目的。

　　环境效果图色彩设计包括两方面的内容：一是环境空间的色彩气氛；二是物体与材质的色彩处理。在表达建筑形象与环境空间的效果图中，需要准确地表达出色彩在一定空间形态下的效果，仅仅表现出建筑本身的"固有色"是不够的，还需形象地表现出其在特定空间环境中的色彩以及光影效果和环境气氛。这就需要学习写生色彩学中有关光源色、环境色、固有色的理论与调配方法，还要学习运用色彩构成学中的色彩对比调和的原理，并加以融会贯通。

　　色彩设计中要贯彻高度概括、惜色如金和理性配置的原则，使配色组合更加合理、巧妙、恰到好处，以形成能够体现环境主题的色调。从表现主题的个性特征出发，把握色彩变化的时尚表征。比如，亮色调适合表现大堂等较为开阔的公共空间；深色调适合表现舞厅、酒吧等光线较暗的娱乐空间；中性色调适合表现居室、客房等较为温和的居住空间；冷色调适合表现办公空间；暖色调适合表现餐厅、商场等气氛较为热烈的公共空间。色彩设计要研究人们对色彩求新求异的心理规律，打破各种常规的束缚，大胆地探索与创新，从而以新颖独特的效果图色彩品位，赋予色彩以新的内涵。实例如图1-47至图1-50所示。

　　绘制好环境设计效果图还必须增强自己的艺术修养与技术修养，环境设计效果图表现技法的目的限定了它的表现形式和表现方法。尽管我们必须遵循很高的美学标准，要求环境设计效果图具有一定的欣赏价值，然而这都是建立在环境设计的技术基础之上的。特定建筑空间的设计受到功能、材料和构造形式的制约。因此，建筑的美学标准是一方面受到技术制约，另一方面又随着建筑技术和其他技术的发展而不断变化的标准。而这种建筑美感的表达方式也随着各种技术的发展而不断丰富。作为一个环境设计的设计者，及时了解相关技术的变化，跟踪新

图 1-47 亮色调的室内效果图

图 1-48 色调统一的建筑外观图

图 1-49　暖色调的室内效果图

技术成果，是效果图表现手法赢得市场的重要保证。

　　此外，一名合格的设计师，必须要有一定的艺术修养。对于环境设计的各个领域中有关事物发展历史和趋势的了解与认识，不仅有助于提高自身的设计水平，也有助于运用最新的表现手段来表现设计。对其他设计领域中各种知识的了解，是使设计师永远保持职业敏锐性和适应性的关键。随着各类表现技法的不断更新，新的材料和工具也不断涌现，优秀的设计师和建筑表现图画家应该有很强的适应能力，不断尝试新的手段和材料，使自己的作品始终保持新鲜感和时代感。

　　效果图技法的临摹学习在学习绘制环境效果图的过程中很重要，我们挑选了一些印刷精良、光感强烈的彩色作品图片与精致的白描作品图片，或整体或局部进行临摹练习，有利于充分理解空间的形象、明暗、光影及黑白层次、结构、线条等不同的关系。

　　（1）线描效果图的临摹。

　　徒手线描效果图的临摹与绘制接近绘画意义上的速写，两者在画面效果处理的要求上是一致的，但又有区别。速写的过程是快速记录自己所见到的或感受到的最为生动的形象的过程，因而比较感性；线描表现图则比较理性，对概括和抽象思维能力的要求更高，它更注重于准确交代空间形体特征，包括比例、尺度、结构等。

　　机械线描效果图较徒手线描效果图要求更为严格，准确度要求更高。它既可以独立地作为一幅建筑表现作品，也可以进行深入渲染，还可以作为水彩和水粉表现图的底稿。

图 1-50　有冷暖色调对比的景观效果图

　　对于初学者来说，对临摹范本作品的分析和研究也是学习的重要环节。尤其对具有相当艺术造诣的大师的作品，细心地揣摩每一处线条的处理，耐心地分析每一幅画面的构成，往往是提高效果图表现技法的捷径。

　　线描类效果图的临摹，对于有一定绘画基础的初学者来说比较简单，步骤要求也不严格。初学者将描图纸固定在临摹作品的范本上，便可以从任何一个感兴趣的形体下笔，逐步扩展深入，直至完成。在这个过程中，要求初学者体会线条的轻重、缓急，用线条对建筑形体之间的来龙去脉做出准确表达，同时能正确运用透视原理来处理画面中不明确的形体。

　　(2) 复制资料图片练习。

　　线描效果图技法训练的图片拷贝练习是上述临摹练习的深入，步骤基本上与临摹练习相同，只是被拷贝的对象通常是选用一些现成的建筑作品的图片(包括摄影图片)作为范本。在拷贝过程中要求作者对作品作更多的思考、提炼和概括。本课程要求选用古典建筑或现代建筑中线条特征较明显、建筑形象优美的作品，同时也要求选用的图片构图恰当、明暗分明，以便于辨别图像的轮廓。

　　这一阶段练习的重点，是用比较概括的线条来描绘和表达建筑主体、建筑的主要构造、建筑的主要细节以及建筑与环境之间的相互关系等。在练习的过程中，尤其要注意的是用线条表达建筑主体的实质性的构造，而切忌被图片和照片表面的光影、明暗效果牵制。在线条的运用上要注意疏密对比关系和线条本身的"抑、扬、顿、挫"，才能给予线条丰富的表现力。在表现构造节点等关键部位时尤其要表达清楚前后、转折和穿插关系。在遇到不易表现的立体和空间效果时，也可以辅以点和面等表现手法，丰富画面层次。

图片拷贝练习在初始阶段往往会出现许多问题，如描绘不够准确、线条不够精练、形体交代过于繁复、画面的疏密处理不当等。这些都是在学习过程中常见的现象，初学者不必为追求画面效果而从头开始，应该针对所出现的问题，在第二次、第三次乃至多次重复拷贝的过程中，逐步修正。这样的学习方法比一次拷贝出现问题后就转而拷贝另一幅图片更有效。

作品中先拷贝出线描稿，然后经过复印处理，得到自己所需尺寸的轮廓稿，或用描图纸对轮廓稿进行再次拷贝，目的在于使画面的空间关系更完整，细节更完善。在此基础上再将轮廓稿用拷贝的方法拓印在正稿纸上。拷贝方法一般是将拷贝纸(描图纸)背面用软性铅笔均匀涂黑(轻重程度根据画面调性和采用笔类而定，一般不宜过深)，然后用布或软纸将多余的铅笔炭黑擦去，再将拷贝纸固定在正稿纸上，用圆珠笔或硬性的铅笔将拷贝纸上的轮廓稿拓印在正稿纸上。在拓印过程中，要求轮廓稿不能有任何移位。这样我们就得到了所需的轮廓正稿。另一种方法是直接在正稿纸上画出轮廓稿。该方法对技术要求较高，初学者经过多次训练，有一定把握后，也可尝试使用。

第二章
环境艺术设计效果图的透视表现

H UANJING

S H YISHU

S HEJI XIAOGUOTU

B IAOXIAN J IFA

◀◀◀◀

◀◀◀◀

环境设计中效果图的表现正是运用透视原理在二维的平面来表现三维空间的效果。掌握科学的透视法则，对于环境艺术设计来说至关重要。

效果图透视的基本规律 ≪≪≪

透视，即透而视之，当我们透过玻璃看外面，玻璃平面上会呈现出具有透视感的景象。假设人的视点不变，即眼睛在不移动位置的条件下，用笔在玻璃上将景象重叠描绘出来，就是一幅透视画面。西方的写实绘画离不开透视。

无论从哪个角度观察，透视都存在以下规律。

（1）近大远小。这是众所周知的透视规律，在表现运用中也最为频繁和重要，相同大小的两个立方体，前面的比后面的大，那么按照正确的透视法绘制两条相同长度的平行线段时，前面的线段长于后面的线段。

近大远小透视效果速写如图 2-1 所示。

图 2-1　近大远小透视效果速写

（2）近实远虚，即近清晰远模糊。由于空气中的尘埃和水汽等物质会影响物体的明暗和色彩效果，降低清晰度，使景物产生模糊之感。根据这种现象，对近处的物体应加以清晰的光影质感的表现，对远处的物体则减少明暗色彩的对比和细节的刻画。在效果图的表现中通过这种处理可达到增强空间透视的效果（见图2-2）。

图2-2　近实远虚透视效果速写

（3）垂直大倾斜小。环境中最常见的就是路面，通过对比，房屋、建筑、树木等都会显得高大。马路的一般很长，但在描绘时如果角度倾斜则显得短。床的表现中，床的长度实际大于宽度，由于透视效果，则长度会显得短小，应遵循透视原理来表现，而不应按照实际的尺寸。这些都是在室内设计家具的透视中经常见到的问题。实例如图2-3和图2-4所示。

图2-3 垂直大倾斜小透视效果图

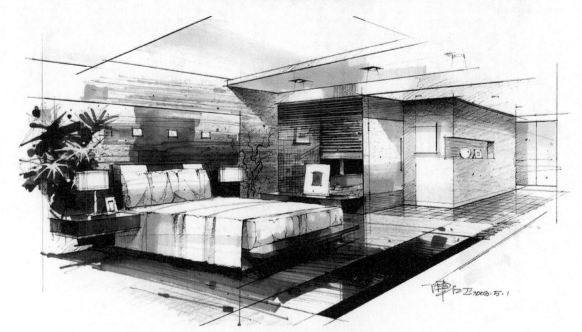

图2-4 垂直大倾斜小透视关系室内效果图

环境透视的基本画法 《《《

透视有着严密的法则，不仅仅是靠眼睛的观察，更有着科学的测量方法，依据这种严格的透视方法，能制造出视觉上的错觉，达到逼真的效果。造型在画面上的位置、大小、比例、方向的表现是建立在透视规律基础上的，应利用透视规律处理好各种形象，使画面的形体结构准确、真实、严谨、稳定。要学习透视的基本画法，首先必须了解关于透视的一些基本术语。

画面：在视点的前方且垂直于地面的一个假想的平面。

视点：眼睛的位置。

视心：视点正垂直于画面的一点。

视中线：视点到视心的连接线及其延长线。

视平线：与绘图者眼睛同高的一条线。

灭点：任意一组水平线会消失到视平线上的一点。

基线：物体放置的平面或绘图者站立的平面。

测点：绘制透视图的辅助测量点。

测线：绘制透视图的辅助测量线。

根据观察者角度的不同，在表现上将透视分为三类。

一、平行透视 ONE

平行透视是指当物体的一组平行线平行于画面，另一组线垂直于画面并聚集消失到一个灭点上，也称一点透视。在一点透视中，消失于灭点上的线也称透视线，与画面平行的一组垂直线或平行线始终不相交，但由于透视作用会在距离上和尺度上逐渐变小。平行透视关系室内效果图如图 2-5 所示。

一点透视图第一种画法　以长为 5、宽为 3、进深为 4 的比例，画室内透视图。

主要是采用由内墙往外墙画的方式，这种画法显得较自由和活泼。先画出主墙面，再向外画出四条墙角线，在画的过程中应注意易出现的错误，墙角线应由灭点 VP 向 A、B、C、D 四点引直线，而不是习惯性地由 A、B、C、D 四点画向画面外框的四个角。最后在透视图基础上完成室内的设计效果图。一点透视图第一种画法如图 2-6 至图 2-9 所示。

（1）确定平面 ABCD。按照实际比例确定出平面 ABCD，AB 分为 5 等份，BC 分为 3 等份。确定视平线。视平线按人的视高即眼睛高度 1.5～1.7 m 来定，在视平线上任定灭点 VP，由点 VP 向 ABCD 各点连接作出墙角线。

（2）确定进深。在视平线上任意定出测点 H 点，作 AB 的延长线，并以同样的尺寸四等分得出 1'、2'、3'、

图2-5　平行透视关系室内效果图

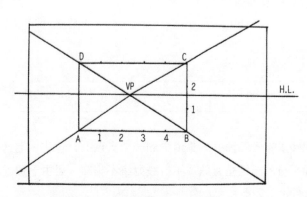

图2-6　一点透视图第一种画法一

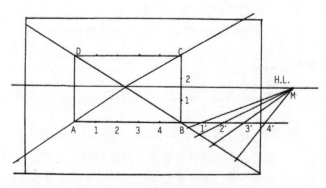

图2-7　一点透视图第一种画法二

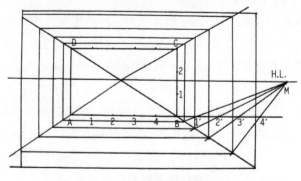

图2-8　一点透视图第一种画法三

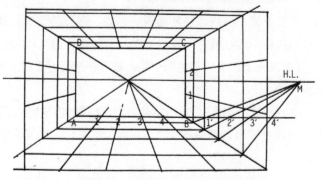

图2-9　一点透视图第一种画法四

4'各点；由 M 点向 1'、2'、3'、4'各等分点连线，与 B 点至 VP 作的墙角线的延长线交于四点，即为室内地面进深点，进深为 4。

（3）过地面进深点作 AB 的平行线相交于墙角线，每一间距均为 1，作 BC、CD、DA 的平行线相交于各墙角线。

（4）确定空间尺度辅助线。由 ABCD 上定出的实际比例的各点向灭点引出基线，得出透视的空间尺度。

一点透视图第二种画法　以长为 5、宽为 3、进深为 4 的比例，画室内透视图。

一点透视图第二种画法与第一种画法的原理相同，区别在于作图方式是由外墙向内墙作图。由于限定好了外框，这种作图方式显得较为严谨。一点透视图第二种画法如图 2-10 至图 2-13 所示。

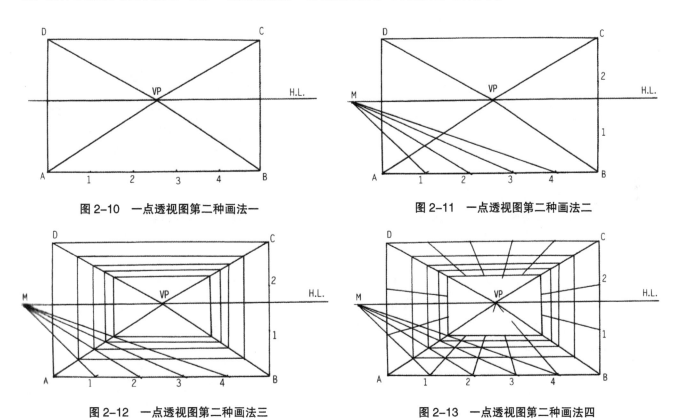

图 2-10　一点透视图第二种画法一　　　　图 2-11　一点透视图第二种画法二

图 2-12　一点透视图第二种画法三　　　　图 2-13　一点透视图第二种画法四

（1）确定外墙平面 ABCD。将 AB 线段 5 等分，得出 1、2、3、4 各点。

（2）确定视平线。视平线按人的视高即眼睛高度 1.5～1.7 m 来定。

（3）确定进深。在视平线上任意定出测点 M 点，由 M 点向各等分点引直线相交于 A 点至 VP 作的墙角线，各点即为室内进深点，进深为 4。

（4）由室内进深点作与 AB、CD 平行的线相交于各墙角线，作与 BC、AD 平行的线相交于各墙角线。

（5）确定空间尺度辅助线。由定出的实际比例的各点向灭点引出灭线，得出透视的空间尺度。

二、成角透视　　　　　　　　　　　　　　　　　　　TWO

成角透视是指物体有一组线垂直于地面，而其他两组线均与画面成一定角度并且每组都有一个消失点，即视平线的左右两个灭点，也称二点透视。

二点透视图第一种画法（也称成角透视画法）　此种画法为两点透视，即消失的两个点在画面的左右两个方向，两点相隔距离较远，距离太近会产生强烈的变形，因此在初学这种画法的过程中应留以足够的空间来表现。

要求画出高 3 m、进深 4 m、宽 5 m 的房间的室内透视空间。二点透视图第一种画法如图 2-14 至图 2-17 所示。

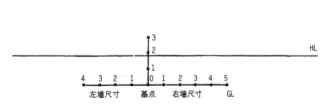

图 2-14　二点透视图第一种画法一

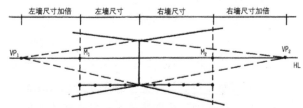

图 2-15　二点透视图第一种画法二

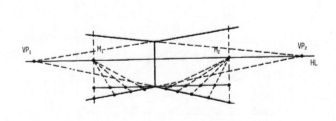

图 2-16　二点透视图第一种画法三

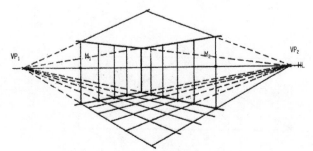

图 2-17　二点透视图第一种画法四

（1）按比例定出室内墙高（3 m）、地面基线、左墙尺寸（4 m）和右墙尺寸（5 m）的参照点。

（2）视平线上定进深测点 M1、M2，由房间米数作垂直线交于视平线；再由 M 点双倍远的距离作左右两个消失点 VP1、VP2；再由点 VP1、VP2 作出四条墙角线。

（3）由进深测点 M1、M2 作出与水平基线各点的连线，这些连线的延长线与左右两条墙角线相交，分别得出房间 4 m 和 5 m 的每个进深点。

（4）由点 VP1、VP2 向进深点作出地面的透视线。

二点透视图第二种画法（也称一点斜透视画法）　此种画法虽说是两点透视，其实是在一点透视的基础上稍作调整，二点中有一个点在画面内，另一个点在画面外。

与第一种二点透视图的画法相比，二点透视图第二种画法能表现出比成角透视更广阔的室内空间范围，能表现出天花、地面以及三个立面墙；与二点透视图第一种画法工整的特点相比，此种画法显得活泼轻松一些，也更为自然，在室内设计的透视图中应用也相当广泛。这种画法是采用由外墙向内墙作图的方式，以实际比例来画室内透视图的。二点透视图第二种画法如图 2-18 至图 2-21 所示。

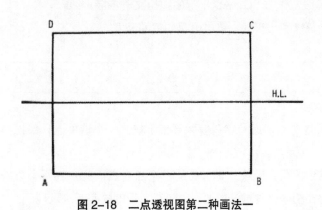

图 2-18　二点透视图第二种画法一

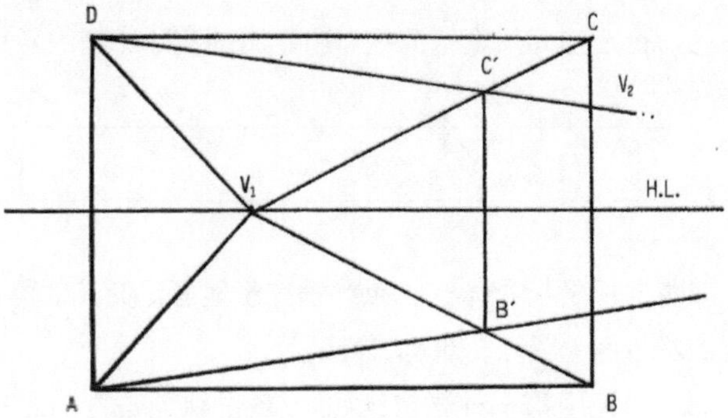

图 2-19　二点透视图第二种画法二

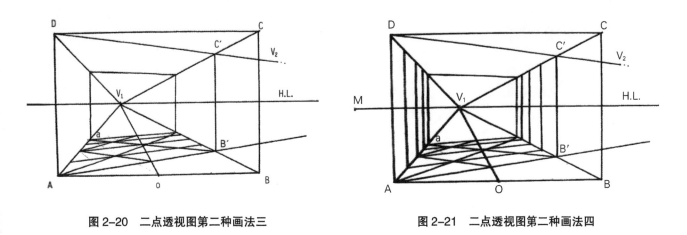

图 2-20　二点透视图第二种画法三　　　　　图 2-21　二点透视图第二种画法四

三、斜角透视　　　　　　　　　　　THREE

　　当我们俯视或仰视某物体时，物体和画面之间产生倾斜的透视称为俯视透视或仰视透视。物体的三组线均与画面成一定角度，画面与地面也不垂直，物体的三组边分别向三个灭点消失，因此也称三点透视（或斜角透视）。除了左右两个灭点，还有一个垂直向上或向下的灭点。斜角透视示意图如图 2-22 所示。

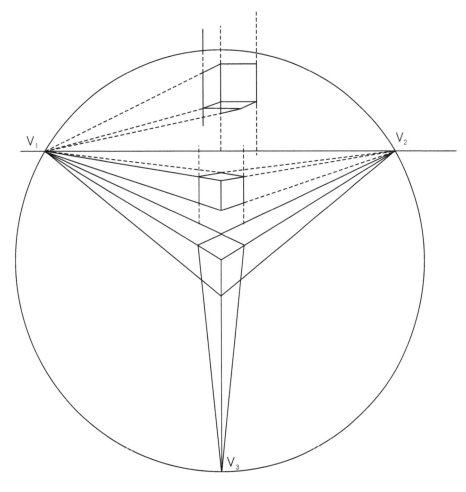

图 2-22　斜角透视示意图

第三节

效果图透视画法解析 ≪≪≪

一、视平线的确定   ONE

　　视平线是人在观看物体时与人的眼睛等高的一条水平线。视平线由视高决定。视高,是指视点 (眼睛的位置) 的高度。人的眼睛在观察外界景物时,由于视点高低的不同可产生平视、仰视、俯视的不同效果。平视是指视平线穿过物体,与物体整体大致同等高度;俯视是指视平线在物体上方;仰视是指视平线在物体下方。视点定得低一些会产生开阔之感。表现天花板和吊顶的设计采用低的视点,表现地面采用较高视点。视平线高低示意图如图2-23所示。

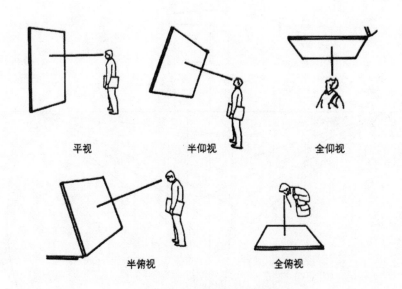

平视　　　　　　　　半仰视　　　　　　　　全仰视

半俯视　　　　　　　　　　全俯视

图 2-23　视平线高低示意图

　　心点是指眼睛的位置垂直于画面的一点。心点在视平线上,当视高确定,心点即可随之确定。人是可以随意走动并以任意角度来观察物体的,因此心点可以任意来定。在效果图的表现中应根据画面所需表达的主体来选择适合的站点、心点和画面表现。心点可以偏左或偏右,一般情况下,心点在画面中间往外墙线的三分之一以内,如果太偏,物体会产生强烈的变形。视平线心点示意图如图2-24所示。

　　心点偏左的画面,由于视点在画面的左部,因此利于表现右部范围,整体感觉画面生动;灭点在中间的画面,能给人以稳定感。

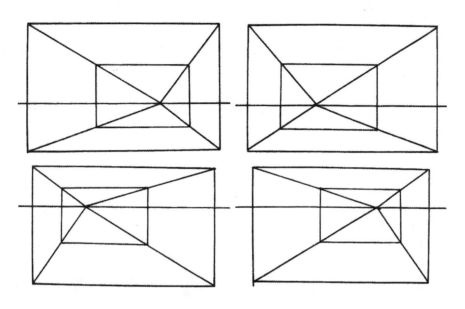

图 2-24　视平线心点示意图

二、透视角度的确定　　　　　　　　　　　　　　　　　　　　　TWO

　　人的眼睛在观察外界时并非只有一种角度，由于物体所处位置不同，可以形成多个不同的灭点。在一点透视中，心点就是灭点；左二点透视中，物体消失到左右两个灭点。选择不同间距的灭点绘制会有不同的效果。透视的角度形成视角时，在舒适视角范围内，即透视角度在 60° 以内，形象接近真实的物体，否则会有失真现象。较近的透视灭点会产生强烈的视觉变形。生活中我们在看电影的时候愿意坐在靠中间的位置，而坐在稍偏的位置时会产生视觉变形，使人感觉不舒服。又如在观看画展时画面通常调整至倾斜状态，保持和视线基本垂直的范围。为得到更舒适的视觉效果，可采用延长灭点间距的方法来绘制，通常灭点距离是物体高度的三倍。

三、透视类型的选择　　　　　　　　　　　　　　　　　　　　　THREE

1. 一点透视
　　一点透视的特点：平行透视所有的平行线都消失到心点上，给人集中、整齐的感觉，具有严肃、庄重、稳定之感，也适合表现整体的布局，但有时过于工整，给人呆板、生硬的感觉，缺少变化。一点透视各种效果图如图2-25 至图 2-27 所示。

2. 二点透视
　　二点透视图中，所有不与画面平行的线都消失到左右两个灭点，富有活泼、变化的特点，更为自然、生动，符合生活中的观察。除了适合表现场景，也适合表现局部，但有时如果处理不好，会造成强烈的变形，产生不真实的感觉。二点透视的各种效果图如图 2-28 至图 2-30 所示。

3. 三点透视
　　三点透视适合表现大的场景，如室外高大建筑效果图及景观鸟瞰图。三点透视的各种效果图如图 2-31 至图 2-33 所示。
　　一点透视和二点透视是室内环境设计中最常用的两种方法。二点透视和三点透视（斜角透视）在室外建筑环境中表现较多。

图 2-25　一点透视线稿效果图

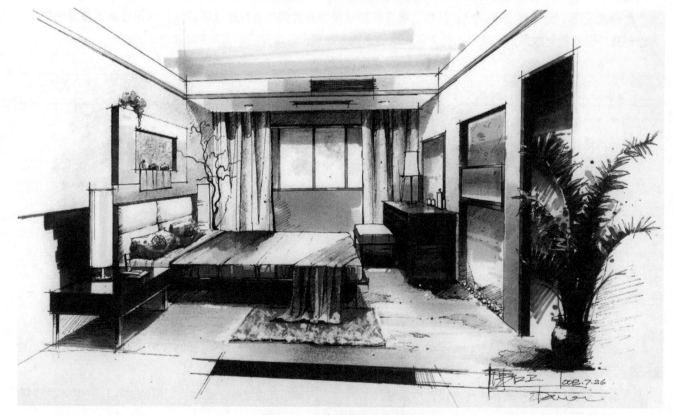

图 2-26　一点透视室内效果图

图 2-27　有整齐、稳定感觉的一点透视效果图

图 2-28　生动的二点透视景观效果图

图 2-29 二点透视速写效果图

图 2-30 生动自然的二点透视效果图

图 2-31 三点透视景观效果图

图 2-32 三点透视建筑速写效果图

图 2-33 三点透视大场景速写效果图

第三章

环境艺术设计效果图的钢笔速写表现

H UANJING
S H YISHU
S HEJI XIAOGUOTU
B IAOXIAN J IFA

◀ ◀ ◀ ◀

◀ ◀ ◀ ◀

钢笔速写技法 ◀◀◀◀

一、钢笔线描的表现   ONE

钢笔，它的特点是运笔流利，力度的轻重、速度的徐疾、方向的逆顺等都能在线条上反映出来，笔触变化较为灵活，甚至可以用侧锋画出更清晰的线条。不同类型和品牌的钢笔笔尖的粗细并不一样，在选购时要注意。有一种"美工笔"，实际上是将钢笔的笔尖外折弯而成，扩大了笔尖与纸的接触面，可画出更粗壮的线条，笔触的变化也更为丰富。

签字笔，具有笔尖圆滑而坚硬的特性，没有弹性。画出的线条流畅均匀，没有粗细轻重等方面的变化。画面的装饰味很浓，而且由于线条没有粗细变化，画面中景物的空间感主要依靠线条的疏密组织关系和线条的透视方向来表现。

针管笔，根据笔尖的大小可分为 0.1~1.0 号等多种规格，号数越小，针尖越细。针管笔多用于工程制图，故又称之为"描图笔"。在绘制效果图时，只能将针管垂直于纸面行笔，没有笔触变化，同一号数的笔画出的线条无粗细变化，可将多种型号的笔结合使用。针管笔绘制的画面有一种工艺细腻、杂而不乱的意象。

速写是一切造型艺术的基础训练中，不可或缺的重要一环。可以培养我们对事物的观察能力和表现能力，通过这种训练能对自然环境、人文空间、地域、建筑和文化特征，所表现对象的属性、形态及视觉语言等，有切身的体验。

钢笔具有简单便捷、轮廓清晰、效果强烈、笔法劲挺秀美的特点。用钢笔进行速写训练，因笔尖的金属属性及锐度，可突出其坚硬、爽朗、明确、流畅的线条特征。

除了基本的工具以外，几个关键词是必须要提出来的。

一是画面的构成。南朝的"谢赫六法"就有"经营位置"一说，指的就是构图。其含义就是如何将画面经营成一个有趣味、有节奏的形式。要将一个场景中各自相关和不相关的物体或对象，通过取舍、提炼、强调，构成一组既有整体又有美感的画面。

二是整体的观察。从大处着眼，小处入手，把握整体，突出重点。在描绘中始终要遵循局部服从整体，具（具体）准（精准）服从生动的原则。

三是方法的恰当。这个方法就是指速写的技法。钢笔速写的技法无外乎如何准确、恰当和艺术地运用点、线、面的问题。用线造型是速写的最主要的表现形式。而线的轻重缓急、强弱疏密、长短曲直、抑扬顿挫也可充分表现物象的形象和质感特征。

一幅好的速写，能够在不同的画面中，各自体现出应有的空间感、层次感和节奏感，以达到速写作品应有的审美趣味。

线描作为独立的艺术表现形式，表达方式极为灵活，表现风格也变化多样，可以工整严谨，也可以随意洒脱。

物体的轮廓线和结构转折线的勾勒给人以清晰明快的感觉。钢笔线条的深浅主要靠用笔粗细来表现，在勾勒中需注重线条的粗细变化，外轮廓线和主要结构线用较重的线条，体面的转折处稍次，平面上的纹理或远处次要的景物再次之，由此产生形体结构的主次变化。同时，注重形体和体面的空间关系，并用线条的遮挡来表现。实例如图 3-1 至图 3-5 所示。

图 3-1　线条有粗细变化的钢笔建筑速写　　　　　　　　图 3-2　工整严谨的钢笔室内设计线稿

图 3-3　富有美感的钢笔古建筑群速写

图 3-4　线条流畅的钢笔速写　　　　　　　　　　　图 3-5　有装饰意味的钢笔速写

西方的线描与中国的线描有着本质区别。西方的钢笔速写可以说是在素描铅笔的基础上发展和演变而来的，它主要依靠线条的组织来表现光感、质感等的写实变化。线条平直工整，用力较为均匀。中国的线描是在毛笔的基础上发展而来的，如书法中有起笔、行笔、收笔的过程，讲究抑扬顿挫，有"力透纸背""入木三分"等说法。就线条本身而言，中国线描有着强烈的语言说服力，且有着传统书法所沉淀的深厚的文化底蕴，能表现出质感和情感。设计师应该根据对象的特点在环境设计中找到适合的表现手法，形象生动地表达造型和构思，才能逐渐显示出其强劲的艺术感染力和艺术魅力。实例如图 3-6 至图 3-10 所示。

图 3-6　西方钢笔风景速写　　　　　　　　　　　图 3-7　表现光感的西方风景速写

图 3-8 有中国画线描特质的钢笔速写　　　　　　　　　图 3-9 有艺术感染力的乡村钢笔速写

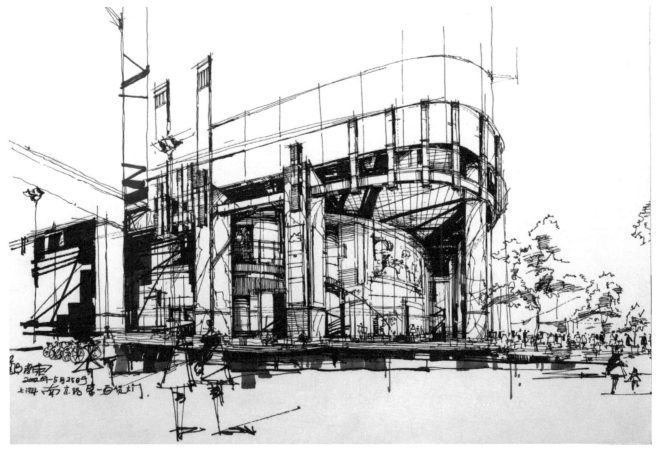

图 3-10 钢笔建筑速写

二、钢笔线描的练习　　　　　　　　　　　　　　TWO

　　线条是依靠一定的组织排列，通过长短、粗细、疏密、曲直等来表现的（见图3–11）。一般来说，线描的表现手法有借助绘图工具绘制和徒手绘制两种。借助绘图笔和直尺画出的线条较规范，可以弥补徒手绘制的不工整，但有时也不免有呆板、缺乏个性之感（见图3–12）。

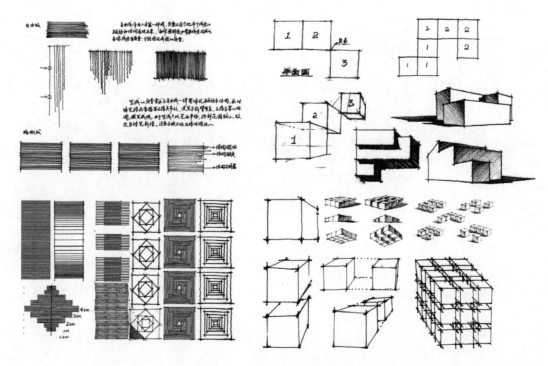

图3–11　线条的组织排列训练

图3–12　用绘图笔和直尺画的室内设计图

　　与借助直尺等工具绘制的线条相比，徒手绘制更洒脱和随意，它能更好地表达创意的灵动和艺术情感，但处理不好也会感觉凌乱。在徒手表现中，垂直线和水平线应首先要保持平直的效果，其次是流畅，需达到此效果应多加练习。斜线也应由短到长的练习，掌握不同角度的倾斜线的表现以准确表现透视线的变化。曲线用以表现不同弧度、大小的圆弧线和圆形等，在表现时讲究流畅性和对称性。实例如图 3-13 至图 3-15 所示。

图 3-13　徒手绘制的钢笔建筑画

图 3-14　流畅的钢笔速写

图 3-15　徒手绘制的钢笔室内速写

　　线条的练习方法有很多种，包括写生、默写等，也可采用以下几种方式进行循序渐进的训练或交错训练。

　　描摹，也称为拷贝。描摹的对象可以是效果图作品，也可以是摄影图片。对初学者来说，采用该方法无疑是一种轻松且容易上手的好方法，可以从描摹作品到描摹图片，由易到难的进行，但应注意适当合理地运用，否则会使人产生依赖感和惰性。具体方法是用较透明的纸张（如硫酸纸）压在描摹对象的上面，进行严谨认真的描摹。由于不用去顾及形体的比例结构和透视规律，能让初学者暂时忽略对形的把握从而能充分感受线条的亲和力以及线条如何表现出透视空间，使之在描摹后有更强的信心和兴趣。

　　临摹和临绘。临摹多是照着优秀的效果图表现作品来描绘的学习方法。在临摹中应注重画面透视规律的表现、物体之间的结构关系、空间关系的表现等，应明确学习的目的是注重光影的表现还是注重线条的组织。临绘，多指根据照片来进行描绘，能增强对画面点线面和黑白灰的概括能力。

　　写生和默写。写生是学生对前阶段的临摹中所学内容的检验和运用，能增强其对形体结构的理解。钢笔线描的表现方法是多种多样的，不同的方法不是截然分开，而是相互联系、交替使用和融会贯通的。熟能生巧，只有多画多练，才能得到好的效果。线条的训练中，默写是很重要的环节，通过默写和想象的发挥，能增强对空间结构的理解，从而进入设计的状态。实例如图 3-16 至图 3-20 所示。

图 3-16 线条表现较好的临摹效果图　　　　　　　图 3-17 临摹作品效果图

图 3-18 详略得当的写生效果图　　　　　　　　图 3-19 线条组织较好的写生效果图

三、光影质感的表现　　　　　THREE

　　钢笔画又称黑白画。这里指的是用钢笔表现物体的光影和质感的黑白绘画，是素描画的一种。

　　运用黑白灰表现。钢笔不同于铅笔，它不易擦去、修改，因而色泽持久且黑白分明，能制造醒目和明亮的效果。黑色用在明暗对比很强烈的主体上，尤其在建筑的表现中，黑色能增加体量感。在用钢笔表现作品时，处理好黑、白、灰之间的关系非常重要。黑色太多，画面会太沉闷；白色太多，画面则显得轻而没有分量感；灰色太

图 3-20 默写作品效果图

多，画面不明亮，灰色太少又显得过于简单、概括。因此，应注重黑白灰度的把握和黑白灰面积的分布。黑白灰可以运用线条的粗细变化和疏密排列来表现。

运用点线面表现。效果图离不开对质感的表现。不同的材料有不同的质感，如刚硬、柔软、粗糙、光滑等多种感觉。各种各样的材质都是通过点线面的运用来表现的。点构成线，线构成面。点经常作为独立的元素来运用，能达到特殊的效果，如表现光的退晕感或远景肌理等。玻璃和不锈钢适合用挺直的线条和圆滑的曲线来表现，水纹多适合用波浪线来表现等。钢笔画的表现可用实线，也可用虚线。实例如图 3-21 至图 3-25 所示。

图 3-21 房屋砖石和花草质感的钢笔画

图 3-22　表现光影的钢笔风景速写图

图 3-23　以线为主表现树枝的钢笔表现

图 3-24　以线为主表现树木的质感的钢笔表现

图 3-25　线面结合的钢笔表现

四、画面重点的表现 　　　　　　　　　FOUR

　　效果图的画面主要由近景、中景、远景几部分组成，它们共同形成远近的空间纵深感。一般来说，把中景作为画面的主要部分，再加以近景和远景来陪衬。为了让中景成为重点，应使其位置靠近画面的中心，即在视觉最佳点。

　　在建筑效果图的表现中，常将主要建筑放在透视线的消失点处，作为视觉中心，成为引人注意的焦点。加强主体的线描表现，对主体进行结构和质感的深入刻画，减弱次要物体的描绘，可以达到主次分明的效果；加强主体与环境的明暗对比，主体浅、背景深，或主体深、背景浅，灵活处理主体物与环境之间的关系，能达到对比强烈的效果。近景和远景作为陪衬，用于更好地烘托主体，在渲染中应分清主次，不可喧宾夺主。远景以浅灰色调来简约处理。近景由于处在位置前面，易被表现得过于醒目，可降低明度对比，或采用局部展现等手法，当然也不能过于草率，刻画得恰到好处，才能起到画龙点睛的效果。

　　一幅好的效果图只有一个重点，即所谓的趣味中心。远景和近景也可成为画面主体，主体部分的表现应充实而饱满，次要部分的表现应弱化、简略。效果图的表现是松紧有度的，对于主体，应追求造型的准确，如建筑结构、墙体结构、室内陈设等应刻画得严谨认真。对于陪衬的景物则不必作精细的刻画，如人物可采用剪影轮廓式的简约处理，环境植物和装饰品可采用轻松、洒脱的笔触来表现。实例如图 3-26 至图 3-30 所示。

图 3-26　用线灵活处理主体物与环境的关系的钢笔表现

图 3-27　主体在中心、两边为陪衬的钢笔表现

图 3-28　突出表现了物体的纵深感的钢笔表现

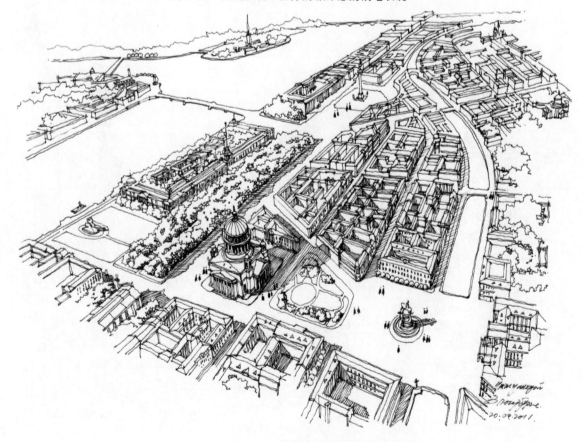

图 3-29　构图饱满，次要部分稍微弱化的钢笔表现

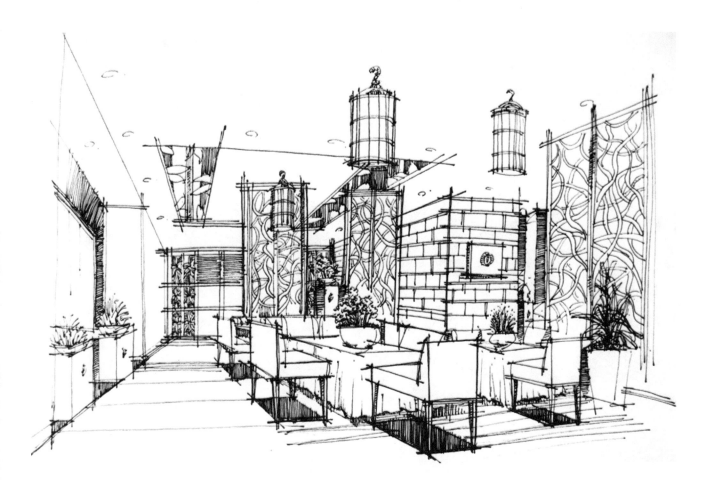

图 3-30　主体造型追求准确的钢笔表现

第二节

景观及室内钢笔表现 ◀◀◀

景观及室内钢笔表现如图 3-31 至图 3-40 所示。

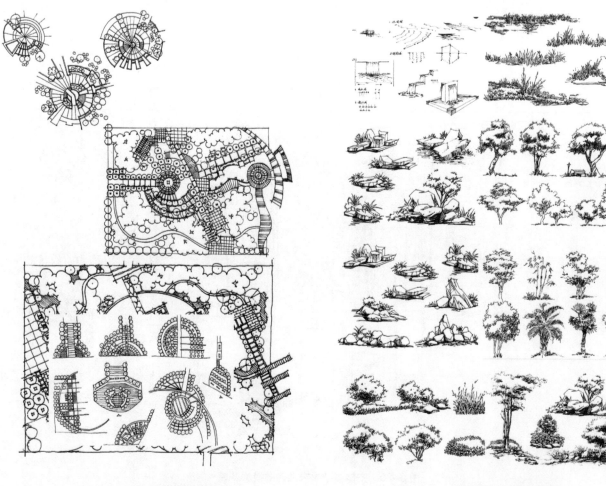

图 3-31　景观平面图钢笔表现　　　　　　　　　　　图 3-32　景观花草山石钢笔表现

图 3-33　景观建筑小稿钢笔表现

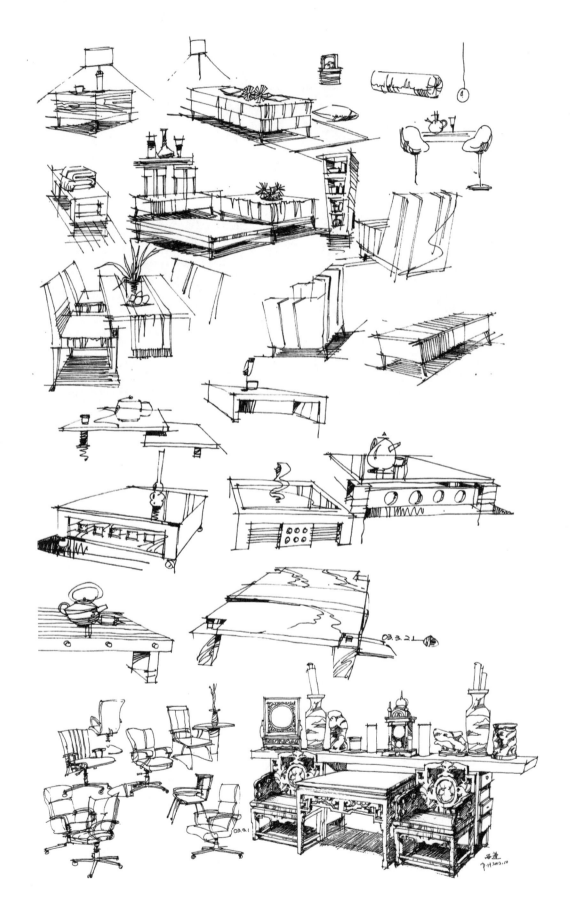

图 3-34 家居钢笔表现

图 3-35   建筑钢笔表现一

图 3-36   建筑钢笔表现二

图 3-37　建筑钢笔表现三

图 3-38　建筑钢笔表现四

图 3-39　室内钢笔表现一

图 3-40　室内钢笔表现二

第三节

钢笔写生步骤图

钢笔写生步骤图如图 3-41 至图 3-44 所示。

步骤 1

步骤 2

图 3-41 建筑钢笔表现写生步骤图一

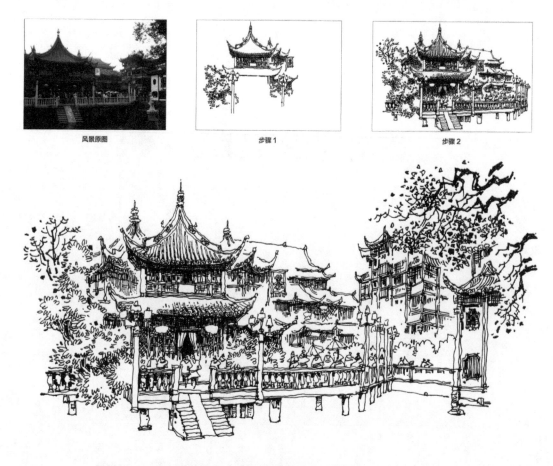

图 3-42　建筑钢笔表现写生步骤图二

图 3-43　建筑钢笔表现写生步骤图三

风景原图

步骤 1

步骤 2

图 3-44　建筑街道钢笔表现写生步骤图

第四章

环境艺术设计效果图的彩色铅笔表现

HUANJING

HYISHU

SHEJI XIAOGUOTU

BIAOXIAN JIFA

第一节

彩色铅笔的特性及使用方法 ◀◀◀◀

　　彩色铅笔是一种非常容易掌握的涂色工具，它的外观以及画出来的效果都类似于铅笔。彩色铅笔的颜色多种多样，其绘制效果较淡且清新、简单，便于被橡皮擦擦去。它是由经过专业挑选的、具有高吸附显色性的高级微粒颜料制成，具有透明度和色彩度，在各类型纸张上使用时都能均匀着色，其描绘流畅，笔芯不易从芯槽中脱落。彩色铅笔有单支系列（129 色）、12 色系列、24 色系列、36 色系列、48 色系列、72 色系列、96 色系列等。

　　对具有一定素描基础的人来说，运用彩色铅笔来表现形体结构和空间效果是非常自如的，也是非常自由的，实际上彩色铅笔的表现技法就是素描的表现技法。彩色铅笔效果图十分典雅、朴实。由于铅笔的颜色有限，而色彩调和又是靠线条的交织，所以不宜表现十分丰富的色彩效果，但在表现形体结构、明暗关系、虚实处理以及质感表现等方面都具有很强的表现力。

　　彩色铅笔有水溶性和非水溶性两种。水溶性彩色铅笔使用时更为便捷，其可干可湿的特点令其应用广泛。在表现水彩效果时，可以先用彩色铅笔上色后再用水笔渲染，也可直接用彩色铅笔蘸水描绘，可产生生动的效果。彩色铅笔能表现铅笔的线条感，画出细微生动的色彩变化，用色彩多次叠加进行深入塑造，也能表现水彩的水色效果。用彩色铅笔表现时应注重对深浅的控制和把握，拉开色阶变化，加强色彩明度渐变的对比，笔墨不多就能表现到位。

　　彩色铅笔表现技法往往结合水彩使用。用水彩作底色或画出大色块，再用铅笔作进一步刻画，或者用铅笔画完后，再薄薄罩上一层水彩。在表现过程中，铅笔的排线很重要，线条组织的形式与表现的效果息息相关，如线条紧密、排列顺序等，能使画面感觉严谨，适合于表现精巧、细腻、稳重的效果；线条随意、松散，线条方向变化明显，能使画面感觉活跃，适合表现轻松、充满生气的效果。

　　在彩色铅笔表现技法中应注意以下几个方面。

　　（1）画线不要用涂抹的方式，以免画面发腻而匠气，应采取排线的画法，显示笔触的灵动和美感。

　　（2）修改时尽量少用橡皮擦，以免弄脏画面，最好用橡皮泥黏去要修改的部分。特别是用水彩或水粉作底色的画面，用橡皮擦会擦花底色，而且很难补救。

　　（3）铅笔的笔触细小，而且很容易控制，宜表现精微之处，要特别注意不要为了强调局部而忽略了整体效果，表现时同样要从大到小，从整体到细节，一步一步地深入下去。

　　（4）彩色铅笔与马克笔混合使用效果更佳。

第二节

彩色铅笔效果图案例 ◀◀◀◀

　　彩色铅笔效果图如图 4-1 至图 4-12 所示。

图 4-1 宾馆大厅彩色铅笔表现

图 4-2 公共空间彩色铅笔表现一

图 4-3 公共空间彩色铅笔表现二

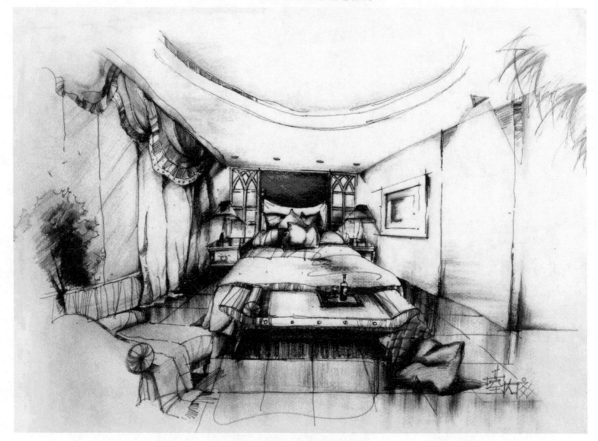

图 4-4 卧室彩色铅笔表现

图 4-5　建筑景观彩色铅笔与马克笔混合表现

图 4-6　建筑景观彩色铅笔表现

图4-7　室内客厅设计彩色铅笔表现

图4-8　建筑景观彩色铅笔表现

图 4-9 景观彩色铅笔表现

图 4-10 大厅彩色铅笔表现

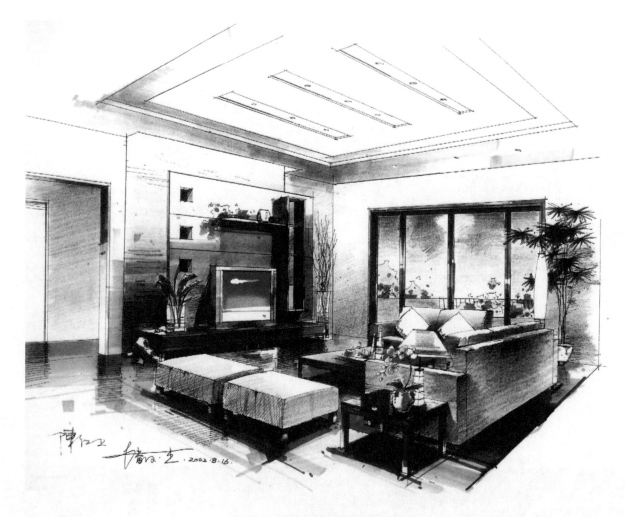

图 4-11　客厅效果图彩色铅笔表现

图 4-12　卧室效果图彩色铅笔表现

第五章

环境艺术设计效果图的马克笔表现

H UANJING

S H YISHU

HEJI XIAOGUOTU

B IAOXIAN J IFA

第一节

马克笔的运用概述 ◀◀◀

马克笔表现技法的最大特点是方便、快速、色彩鲜艳，其画面平整洁净，适用于渲染气氛和表现情感。马克笔的颜色干得很快，很适合速写式的表现。

由于马克笔颜色和笔触的特性，它的表现技法与传统技法有较大的差异。马克笔所表现的效果体现了快节奏和生动流畅的时代特征。虽然马克笔不易叠加运用，不易深入刻画，但只要处理得当，仍能表现到位，因此备受设计师青睐。

一、马克笔的工具特性　　　　　　　　　　　　　ONE

马克笔有水性和油性两种，水性马克笔较油性马克笔而言色彩更易融合。

马克笔分圆头和扁头两种类型，扁头笔适合大面积上色，圆头笔适合细部着色。马克笔主要作为上色用，两种笔头都比较粗，不宜画精确的结构线条。因此，马克笔一般与针笔结合使用，先用针笔画出形体结构线，再用马克笔着色。

马克笔色彩种类很丰富，与水彩和水粉在绘画上有很大差异。水彩和水粉是通过加水和颜料调和得到各种不同颜色的，深浅是随意变化的。对马克笔来说，每一种颜色都是固定的，因此要熟悉每一支马克笔的名称及其色彩，才能在上色时得心应手。不同的材质可以选用不同型号的马克笔来绘制，如玻璃材质适合用大号笔表现，不锈钢适合用小号笔来表现等。在用色自如的同时可逐渐形成个人的习惯和风格。

根据不同纸张的性能特点，在绘制前，可制作与色彩对应的色标卡，纸张应该选用和要绘制色彩的纸张相同，这样在绘制过程中对应色标卡时可以做到心中有数。根据马克笔不易调和的特点，适当结合彩色铅笔上色，可以画出更为清晰的轮廓线，同时也能对色彩进行细微的过渡。

二、马克笔笔触的运用及单体训练　　　　　　　　TWO

正如我们进行素描或色彩水粉时是顺着物体的结构走向运笔一样，马克笔非常注重笔触的排列。采用直尺可画出质感工整的线条，有起笔和收笔的停顿。常见的笔触排列有平行重叠排列和排列时留有狭长的三角形间隙两种方式。在追求由粗渐变到细的感觉时，可以沿着"之"字形的走向排列笔触。利用笔头的不同角度还可以画出不同粗细的线条。在线条排列时要大胆地留白，给人以想象的空间。马克笔用笔练习和家具单体马克笔表现如图5-1和图5-2所示。

马克笔单体手绘训练很重要，单体训练的目的是把马克笔的用笔特点搞清楚从而熟练运用。马克笔作品练习如图5-3至图5-10所示。

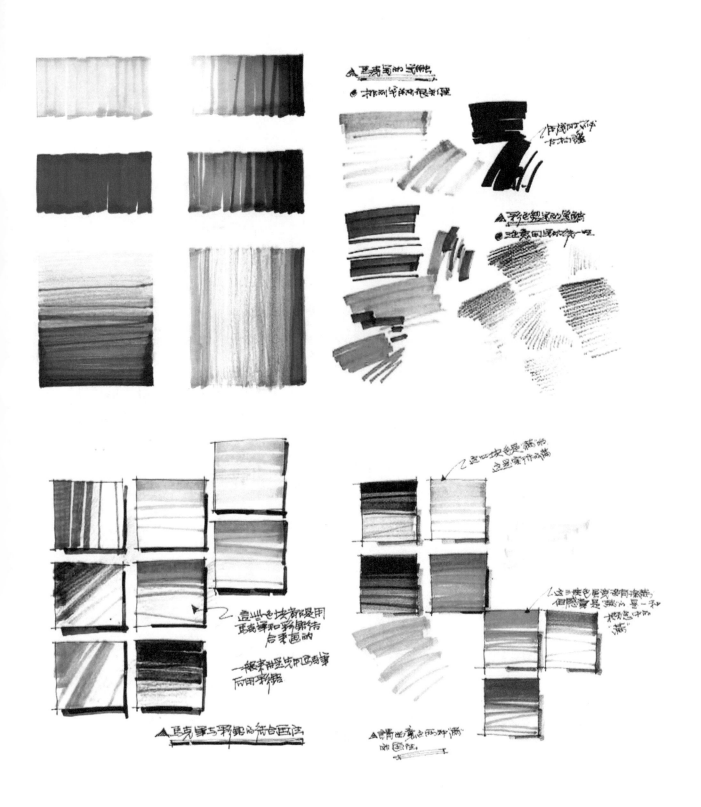

图 5-1　马克笔用笔练习

图 5-2 家具单体马克笔表现

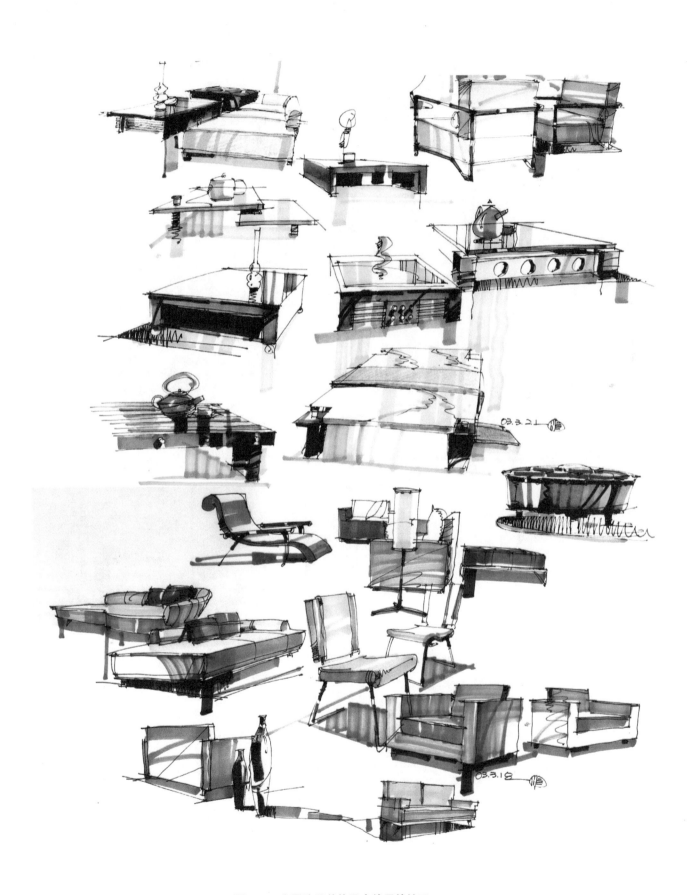

图 5-3　家居陈设单体马克笔用笔练习一

图5-4　家居陈设单体马克笔用笔练习二

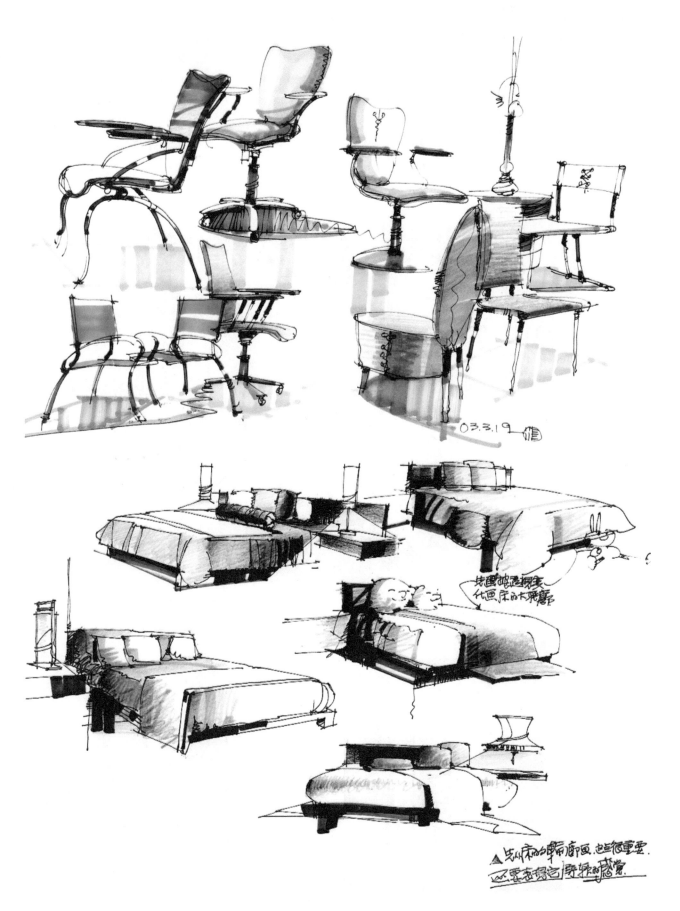

图 5-5 家居陈设单体马克笔用笔练习三

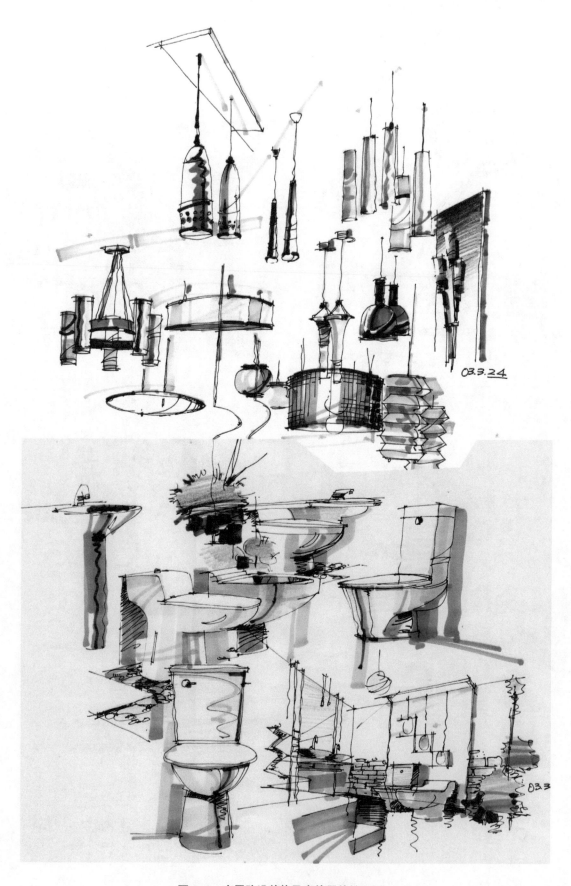

图 5-6　家居陈设单体马克笔用笔练习四

图 5-7　家居陈设单体马克笔用笔练习五

图 5-8   家居陈设单体马克笔用笔练习六

图 5-9　家居陈设单体马克笔用笔练习七

图 5-10　景观单体马克笔用笔练习

三、马克笔的色彩表现　　　　　　　　　　　　　　THREE

　　在设计绘图过程中，首先是草图起稿和构思，可以采用普通的复印纸来练习，也可以用硫酸纸。钢笔可选用不同型号的绘图针管笔，起稿时注重构思和构图，确定效果图的主要表现部分即趣味中心，用线条准确地画出空间透视、物体的尺度比例关系、各部分的面积分布等。

　　在进行了较完整的钢笔线描稿后，就可以准备用马克笔上色了。为达到理想的色调效果，正稿完成后，可将其复印多份，对不同的色稿进行尝试，然后选定色彩方案，对正稿进行充分的描绘。钢笔线描稿作为效果图的骨架，其重要性往往容易被忽略，草图若画得过于草率、简略、不完整，会直接影响到上色的进度和效果。因此应对草图进行深入的刻画，用线条对黑白灰的疏密进行表现，趣味中心的主体部分着重处理，次要的地方则可采用虚处理，使线条简略。

　　马克笔上色时，按照由远及近、由浅及深的方式来渲染。

　　明暗关系：马克笔可以表现不同深浅的颜色的渐变，主要是色彩明度上的深浅变化。在素描黑白灰的基础上，可概括地处理亮面、暗面、明暗交界线几个层次的变化。为了掌握色彩渐变的规律，可利用描绘几何形体的练习，来达到熟练运用马克笔表现立方体、圆柱体等单色或类似色系的渐变效果的目的。在马克笔描绘时通常采用由浅及深的顺序来表现黑白灰效果，先将亮部连同暗部一起涂满，再画灰色层次，最后画黑色层次。马克笔表现如图5-11至图5-15所示。

　　冷暖关系：首先，整幅效果图应有统一的基本色调，如冷色调、暖色调或灰色调等。在景物色彩渲染上应适当把握冷暖关系，有时太鲜艳的颜色会觉得很火气，可以适当用灰色的叠加来协调，因此，方便快捷的灰色系马克笔是较常选用的。在上色时应注重马克笔有冷灰和暖灰两种色系，选用同一色系来渲染能加强色彩效果的统一。马克笔表现如图5-16至图5-20所示。

图5-11　体现马克笔用笔变化的图示

图 5-12 体现马克笔用笔的层次变化的图示

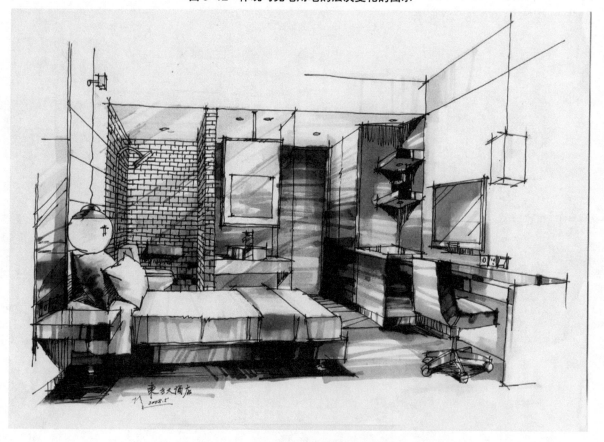

图 5-13 体现马克笔用笔渐变的图示

图 5-14　体现马克笔表现立方体转折关系的图示

图 5-15　体现马克笔表现立方体转折关系的图示

图 5-16　体现建筑与水、天色彩冷暖对比的图示

图 5-17　体现建筑、人物与水、天及树木色彩冷暖对比的图示

图 5-18　体现家具与窗和地毯色彩冷暖对比的图示

图 5-19　体现建筑与水和植物色彩冷暖对比的图示

图 5-20　体现建筑与植物色彩冷暖对比的图示

　　虚实关系：在色彩表现中，空白的运用能产生虚实对比，达到"此地无声胜有声"的效果。空白的使用产生的对比表现如图 5-21 至图 5-25 所示。

图 5-21　天花板的空白的运用产生对比的图示

图 5-22　天空的空白使得建筑更加精彩的图示

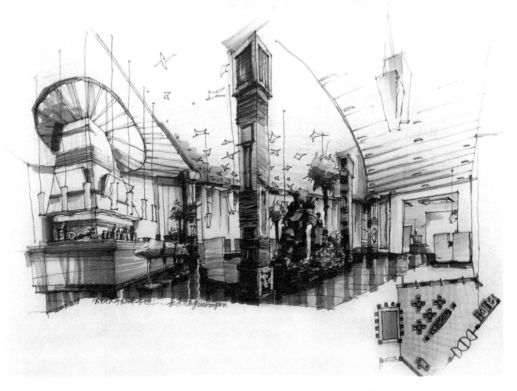

图 5-23　天花板的空白使得室内陈设对比强烈的图示

图 5-24　建筑上部的简化使得建筑下部更加精致的图示

图 5-25　天空的空白使得建筑更加精彩的图示

第二节

如何正确使用马克笔 《《《

勾勒：最好首先用铅笔起稿，再用钢笔把骨线勾勒出来，勾勒骨线的时候要放得开，不要拘谨，允许出现错误（用马克笔时可以盖掉一些错误）。然后再用马克笔，用马克笔时也要放得开，要敢画，要不然画出来会显得很小气，没有张力。颜色，最好是临摹实际的颜色，有的可以稍夸张，突出主题，使画面有冲击力从而吸引人。

重叠：颜色重叠太多，会使画面脏乱；必要的时候可以少量重叠，以达到更丰富的色彩；太艳丽的颜色不要用太多，会乱、会花，要注意协调，把画面统一起来；马克笔没有的颜色可以用彩色铅笔补充，也可用彩色铅笔来缓和笔触的跳跃，不过还是提倡强调笔触。马克笔表现如图5-26至图5-29所示。

在线描表现图的基础上，也可以用其他材料和技法进行较深入的刻画，如彩色铅笔、水彩等，以增加层次感和立体感。

图5-26　勾勒精致的马克笔效果图

图 5-27　马克笔使用大胆、勾勒精致的效果图

图 5-28　勾勒精致、用笔少量重叠的效果图一

图 5-29　勾勒精致、用笔少量重叠的效果图二

　　马克笔的色彩种类较多，通常多达上百种，且色彩的分布按照常用的频度，分成几个系列，其中有的是常用的不同色阶的灰色系列，使用非常方便。它的笔尖一般有粗细多种，还可以利用笔尖的不同角度，画出粗细效果不同的线条来。马克笔具有作画快捷、色彩丰富、表现力强等特点，尤其受到建筑师和室内设计师的青睐。利用马克笔的各种特点，可以创造出多种风格的室内表现图来。如用马克笔在硫酸纸上作图，可以利用颜色在干燥之前可调和的特点，表现水彩画退晕的效果；还可以利用硫酸纸半透明的特点，在纸的背面用马克笔作渲染。

　　在用马克笔绘制室内表现图时，通常先用绘图笔（针管笔）勾勒好室内表现图的主要场景和配景物，然后用马克笔上色。油性的色层与墨线互相不遮掩，而且色块对比强烈，具有很强的形式感。

　　要均匀地涂出成片的色块，须快速、均匀地运笔；要画出清晰的边线，可用胶片等物作局部的遮挡；要画出色彩渐变的退晕效果，可以采用无色的马克笔作退晕处理。马克笔的色彩可以用橡皮擦、用刀片刮等方法作出各种特殊的效果。马克笔也可以与其他的绘画技法共同使用。如用水彩或水粉作大面积的天空、地面和墙面后，用马克笔刻画细部或点缀景物，两者相得益彰，可以达到扬长避短的效果。马克笔表现效果图如图 5-30 至图 5-34 所示。

　　初学者运用马克笔绘制表现图时，不妨参考以下几点。

　　（1）先用冷灰色或暖灰色的马克笔将图中基本的明暗调子画出来。

　　（2）在运笔过程中，用笔的遍数不宜过多。在第一遍颜色干透后，再进行第二遍上色，而且要准确、快速，否则色彩会渗化而形成混浊之状，马克笔透明和干净的特点就没有了。

　　（3）用马克笔绘制表现图时，笔触大多以排线为主，所以有规律地组织线条的方向和疏密，有利于形成统一的画面风格。可运用排笔、点笔、跳笔、晕化、留白等方法灵活使用。

　　（4）马克笔不具有较强的覆盖性，淡色无法覆盖深色。在给效果图上色的过程中，应该先上浅色而后覆盖较

图 5-30 马克笔快速简洁的室内效果图

图 5-31 马克笔的油性色层与墨线互不遮掩的室内效果图

图 5-32 马克笔与彩色铅笔相得益彰的室内效果图

图 5-33 利用马克笔作退晕处理的室内效果图

深重的颜色。并且要注意色彩之间的相互协调，忌用过于鲜亮的颜色，应以中性色调为宜。

　　（5）单纯的运用马克笔，难免会留下不足，应与彩色铅笔、水彩等工具结合使用。有时用酒精作再次调和，画面上会出现神奇的效果。马克笔表现如图 5-35 至图 5-38 所示。

图 5-34　马克笔根据物体结构而运笔的轻快自然的室内效果图

图 5-35　显示马克笔透明和干净的特点的效果图

图 5-36　马克笔有规律地组织线条方向和疏密的效果图

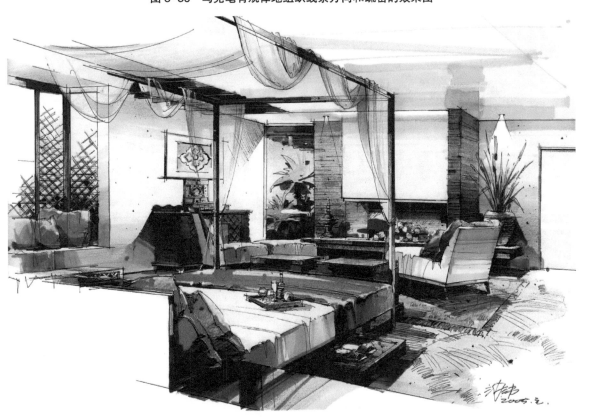

图 5-37　使用了马克笔的点笔和跳笔等方法的效果图

图 5-38　使用了马克笔的晕化和留白等方法的效果图

第三节

马克笔环境艺术设计
效果图表现步骤 ‹‹‹

一、室内效果图表现步骤　　　　　　　　　　　ONE

　　马克笔室内设计效果图表现步骤如图 5-39 所示。

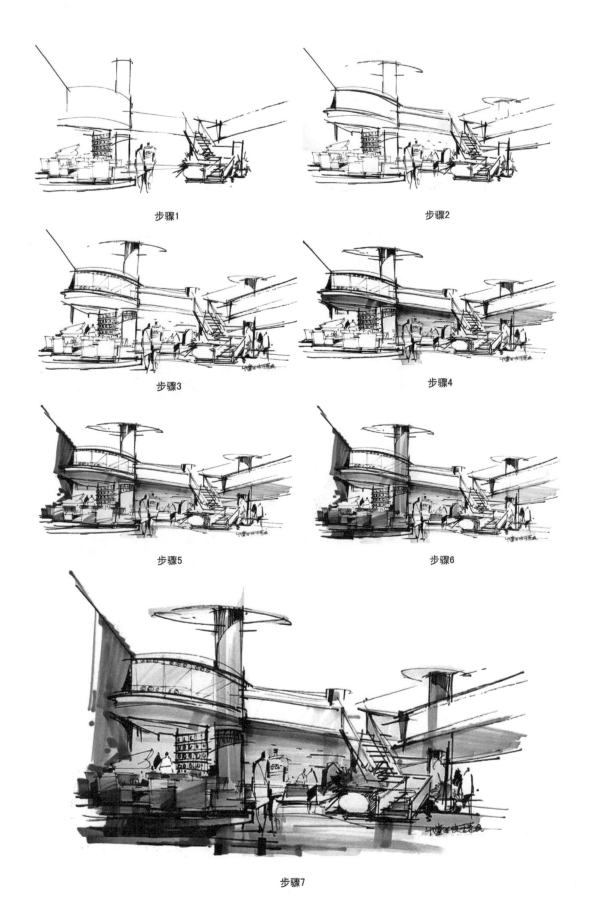

步骤1

步骤2

步骤3

步骤4

步骤5

步骤6

步骤7

图 5-39 马克笔室内设计效果图表现步骤

二、景观效果图表现步骤   TWO

马克笔景观设计效果图表现步骤如图 5-40 所示。

步骤1   步骤2

步骤3   步骤4

步骤5   步骤6

步骤7

图 5-40 马克笔景观设计效果图表现步骤

第六章
环境艺术设计中的水彩表现 ··············

S **H** UANJING
H YISHU
S HEJI XIAOGUOTU
B IAOXIAN **J** IFA

◀ ◀ ◀ ◀

◀ ◀ ◀ ◀

　　本章讲述环境手绘效果图表现技法中的水彩的渲染表现与综合表现。二者都是在硬笔线条勾勒和塑造完稿的基础上，采用色彩渲染、拼贴或多种方法综合运用的方法，进行效果图的技法表现的。"水色渲染表现"是采用水与色结合的表现，主要指以水彩为主的效果图表现技法。这种水色渲染尤其要注意整体色调的把握，形成一个既有基本统一色调又有色彩变化的画面效果。"综合表现"是指把多种表现方法综合起来，发挥共同优势，产生单一技法难以达到的融会贯通的表现效果。综合表现技法包括色底综合、材料综合和拼贴表现等。

　　通常提及的水彩渲染效果图表现训练，包括建筑及其室内外水彩渲染技法的训练，是一种难度较大的基本功练习，是靠"渲""染"等手法形成的退晕效果来表现环境空间中建筑内外形态和各种物体的组合关系的。

　　掌握了水彩渲染这门技法的基本功，硬笔线描渲染和水粉渲染就比较容易掌握了。

第一节

水彩渲染的表现特性 ◀◀◀

　　水彩渲染已有百余年的历史，在我国也经历了几十年的发展过程。水彩渲染表现技法是实用范围很广、经久不衰的一种表现形式，同时在教学过程中也较为普遍：水彩渲染在现代景观建筑设计、园林规划、室内外装饰的表现效果图中随处可见。水彩渲染表现技法之所以应用广泛，主要原因是其工具、材料比较普及，画法步骤比较简洁，容易掌握，其表现风格严谨、画面工整细腻、真实感强等特点深受设计师喜爱。水彩渲染表现效果图如图6-1至图6-5所示。

图6-1　简洁明快的水彩渲染室内设计效果图

图6-2　造型严谨的水彩渲染建筑效果图

图6-3　酣畅淋漓的水彩渲染景观效果图

图 6-4　利用水的流动性使画面自然洒脱的水彩渲染效果图

图 6-5　使画面通透、明澈的水彩与彩色铅笔混合使用的效果图

　　一般来说，传统的水彩渲染色彩变化微妙，能很好地表现环境气氛，但也存在很大的缺点。其缺点主要有：一是色彩明度变化范围小，画面不醒目；二是由于色彩是一遍又一遍地上色渲染的，很费时间，这与实际工作中对效率的要求有很大矛盾。近年来，国外对传统水彩渲染进行了改变，如运用大笔触，加大色彩明度变化范围等，避免了传统水彩渲染的缺点，使画面变得更为醒目，作画时间也大大缩短。水彩颜色的浓淡不能像水粉渲染那样靠白色去调节，而是通过调节加水量的多少来控制，否则就会容易失去水彩渲染的透明感。优秀的水彩效果图如图 6-6 至图 6-10 所示。

图 6-6　掌握好水的份量后优秀的水彩效果图

图 6-7　严谨的水彩室内效果图

图 6-8　用大笔触使画面统一大气的水彩效果图

图 6-9　加大水彩的明度变化使画面明快的水彩效果图

图 6-10　用好灰色让画面有一种历史感的水彩效果图

水彩渲染的基本技法 ◀◀◀◀

水彩渲染的着色顺序和马克笔渲染基本一致，是按先浅后深的顺序，逐渐增加层次的。水彩颜料调配时，混合的颜料种类不宜太多，以防画面污浊。水彩渲染的纸张为一般水彩纸，或纸张表面肌理较细、质量较结实的其他纸张；颜料为专用水彩颜料；工具为普通毛笔或平头、圆头毛笔均可；水彩渲染用中国毛笔大、中、小白云皆可，水彩笔也合适，细部描绘可用衣纹笔或叶筋笔。

一、水彩渲染的技法要点　　　　　　　　　　　　　　ONE

一般来说，水彩颜料透明度高，可以和水墨渲染一样采用"洗"的方法进行渲染，多次重复用几种颜色叠加即可出现既有明暗变化又有色彩变化的退晕效果。水彩效果图如图 6-11 至图 6-13 所示。

下面是水彩效果图表现过程中的注意事项。

（1）前一遍干透后才渲染第二遍是干画法；趁湿润色、接色是湿画法。

（2）透明度高的颜色可后加，如希望减弱前一遍的色彩，可用透明度低的颜色代替透明度高的颜色，如用铬黄代替柠檬黄。

（3）多次叠加应注意严格掌握颜色的鲜明度，尽量减少叠加的遍数。

（4）大面积渲染后立即将板竖起，加速水分流淌，以免在纸湿透而出现的沟内积存颜色。

（5）不必要的颜料沉淀出现后，可以多次用清水渲染、清洗沉淀物，但必须是在前一遍渲染干透后才能操作。

二、水彩渲染的方法和渲染图例　　　　　　　　　　　TWO

水彩渲染应首先画出透视图底稿，然后复制到正稿水彩纸或其他纸张上。正稿的透视线描图，可以用铅笔或不易脱色的针管墨线勾画，线是水彩渲染图的骨架，画线一定要准确、均匀，然后均匀刷上很淡的底色。刷底色可以使纸张吸水性能的均匀度得到改善，并可以控制画面主色调渲染画面形象物的基色。接着针对不同特点、材质的基本色作出大色块，不作细部色彩变化的刻画，但对有大面积过渡色彩变化的物体可以有所表现。再接着根据光照效果渲染明暗变化，根据远近关系渲染虚实效果。由浅至深，可多次渲染，直至画面层次丰富且有立体感。最后进行细部刻画。收拾和调整画面，把握整体协调的效果。

渲染时切忌急于求成，必须注意采用干画或湿画时应遵循的上色程序，避免因不必要的劣迹，而使色彩不匀、画面感脏的情况发生。水彩颜料是透明的绘画颜料，在渲染时可以采用多层次重叠覆盖以取得多层次色彩组合的比较含蓄的色彩效果。水彩效果图如图 6-14 至图 6-20 所示。

图 6-11　体现水彩退晕效果的效果图

图 6-12　水彩与马克笔混合使用，退晕效果更好掌握的效果图

图 6-13　在大色调半干时勾勒细部线条显得画面更丰富的水彩渲染效果图

图 6-14 气势磅礴的水彩建筑效果图

图 6-15 描绘精致的水彩建筑效果图

图 6-16 亮丽的水彩建筑效果图

图6-17 体现水彩厚重感的效果图

图6-18 空濛的水彩景观效果图

图 6-19　通透、明澈的水彩园林景观效果图

图 6-20　明快、清新的水彩建筑效果图

第三节

钢笔水彩渲染技法 ⟪⟪⟪

　　钢笔水彩渲染技法，是一种用钢笔线条和色彩共同塑造形体的渲染技法。传统的钢笔水彩渲染又称钢笔淡彩，画面一般较满，色彩较浅淡，或仅作色块平涂；现代钢笔水彩渲染常常不将画面画满，且对画面进行了剪裁，加强了表现力。钢笔水彩渲染时，线条只用来勾画轮廓，不表现明暗关系，色彩通常使用水彩颜料，只分大的色块进行平涂或略作明度变化。当代水彩渲染的淡彩画法，通常是在钢笔、铅笔、炭笔、毛笔或软、硬水笔等画出景物结构线、轮廓线的基础上，渲染水彩色。钢笔水彩效果图如图 6-21 至图 6-25 所示。

　　钢笔淡彩作画用纸，要求选用高质量的水彩纸或其他优质纸张、纸板，最好裱起来作画以避免水彩纸着色后发生翘曲。淡彩画法，是室内外环境设计效果图的重要表现手法，最适合在较短时间内记录形象、形态及光影变化的整体关系。

　　钢笔淡彩技法表现以干底湿接为主，也可作适量叠加，但色彩一定要稀湿、浅淡，因为纸底的线条与素描关系起着主导作用，这样得出的效果，不仅清秀、淡雅，而且流畅、抒情。钢笔水彩效果图如图 6-26 至图 6-29 所示。

图 6-21　自然亲切而萧淡的钢笔水彩速写效果图

图 6-22　大色块平涂稍作明度变化的钢笔水彩室内效果图

图 6-23　水彩色块之间的留白使画面有通透感觉的效果图

图 6-24　大的深色块与亮丽的天空形成鲜明的对比的钢笔水彩效果图

图 6-25　钢笔淡彩画法使画面柔和温馨的效果图

图 6-26　稀湿、浅淡的钢笔水彩效果图

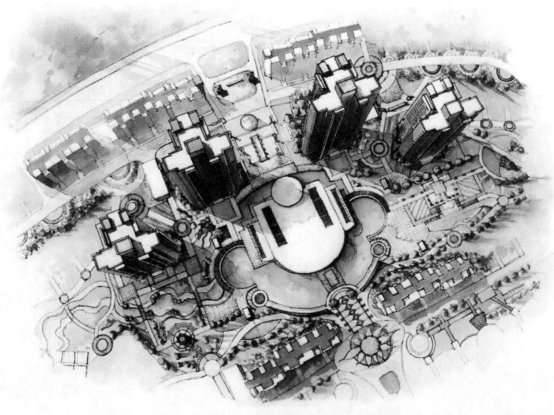

图 6-27　素描关系为主的钢笔水彩景观效果图

图 6-28　清雅空灵的钢笔水彩室内效果图

图 6-29　随意的钢笔水彩小品练习效果图

第四节

环境设计水彩渲染步骤 ⟨⟨⟨

以下以实例讲解水彩渲染的实际操作步骤。

（1）先用铅笔勾勒透视稿，线稿勾勒尽量表现出细节，越细致越好。注意线稿阶段线条要分出粗细，光影要渲染充分，即使不上色，也应该是一幅相对完整的黑白效果图。

（2）开始上淡淡的一层基调颜色，主要是把暗部与亮部区分开来，颜色不要太艳丽，现在不需要考虑过多的层次。

（3）然后在局部开始晕染，局部的明暗关系分出层次来，此例采用从局部画起，这需要对水彩有一定的掌握。

（4）全部上色完后，画面色彩基调、明暗光感等已经初步显现出效果了。画面看上去"软"，因为边角细节不够硬朗。

（5）最后把边角细节都画细致使整个画面精神起来。让画面更加完整其实就是加上线稿勾边，这样，一幅完整的水彩上色作品就基本完成了。

水彩渲染步骤图如图 6-30 所示。

步骤1

步骤2

步骤3

步骤4

步骤5

图 6-30 水彩渲染步骤图

第七章

环境艺术设计中水粉渲染效果图表现

H UANJING
H YISHU
S HEJI XIAOGUOTU
S B IAOXIAN J IFA

◀ ◀ ◀ ◀

◀ ◀ ◀ ◀ ◀

　　水粉是一种半透明或不透明的水彩颜料，是当前国内外广泛采用的建筑画的渲染工具。水粉渲染技法，一般具有绘制速度快、图面效果好、容易掌握等优点。其中以现代水粉渲染最为突出，它不仅具有上述几个优点，且在表现材料的质感和环境气氛方面也有独到之处。

第一节

水粉渲染的表现特性 ◀◀◀

　　水粉由于本身使用材料及工具性能的特点，其表现必然产生与其他画种相异的特点及相适应的表现技法，因此研究和发挥水粉渲染技法的性能特色，是其运用中扬长避短取得理想效果的关键。性能上，水粉颜料介于水彩和油画颜料之间，颜料画厚时就像油画，画薄时则类似水彩画。它不像水彩画那样过于迁就水的特性，可以更多地作深入表现；它又不像油画那样用色浓厚堆砌，它可以灵活多变。但它既难达到油画的深邃浑厚，又有逊于水彩画那样透明轻快。另外，它还有一个先天弱点，就是在颜料干湿不同状态下色彩的变化很大，色域也不够宽，在已经凝固的颜料上覆涂时，衔接困难，画得过厚，干固的颜料易龟裂脱落，且不易长期保存。

　　此外，如果色彩运用不当，易产生粉气问题。水粉颜料的填料中含有较多的硫酸钡，而硫酸钡是一种不透明的白色粉末，所以水粉颜料具有较强覆盖力，不透明或半透明性，易产生"粉气"。用于调和的水须干净，如果画面用水过多或水质浑浊会使潮湿的画面色彩变浊，饱和度减弱，从而更易造成"粉气"。

第二节

水粉渲染的表现方法 ◀◀◀

　　水粉渲染的历史较短，在国外有几十年的历史，而在我国则是 20 世纪 70 年代前后才起步。其覆盖力强，绘画技法便于掌握。水粉表现技法可分为厚画法、薄画法和退晕法三种。

一、厚画法　　　　　　　　　　　　　　　　　　　　　　　　　ONE

　　厚画法是指在作画过程中调色时用水较少，颜色用得较厚。其画面色泽饱和、明快，笔触强烈，形象描绘具体、深入，更富有绘画特征，覆盖时用色较厚，用色量较大。水粉厚画法表现如图 7-1 至图 7-3 所示。

图 7-1　水粉厚画法风景写生效果图

图 7-2　水粉厚画法室内空间效果图

图 7-3 水粉厚画法室内场景效果图

二、薄画法　　　　　　　　　　　　　　　　　　　　TWO

　　薄画法一般是大面积铺色，水色淋漓，然后一层层加上去。采用薄画法时，用色及用水量都要充足，一口气铺好大的画面关系。运笔作画快而果断，不然会产生很多水渍。薄画法往往适宜表现柔软的衬布、玻璃倒影、瓷瓶、花卉或水果等，它有助于表现出物体的光泽及微妙的色彩变化。选择何种手法去表现对象，一方面根据物体的种类而定，另一方面也是由个人的作画习惯及偏爱决定的。水粉薄画法效果图如图 7-4 至图 7-6 所示。

三、退晕法　　　　　　　　　　　　　　　　　　　　THREE

　　在环境设计手绘效果图中，退晕法是表现光照和阴影的关键。水粉和水彩渲染的主要区别在于运笔方式和覆盖方法。大面积的退晕一般不宜涂得均匀，必须用小板刷把较稠的水粉颜料迅速涂布在画纸上，往返地刷。面积不大的退晕则可用水粉画扁笔一笔一笔地将颜色涂在纸上。在退晕过程中，可以根据不同画笔的特点，运用多种笔同时使用，以达到良好的效果。水粉退晕有以下几种方法。

图 7-4　水粉薄画法景观效果图

图 7-5　水粉薄画法建筑效果图

图 7-6 水粉薄画法室内空间设计效果图

（1）直接法或连续着色法

这种退晕方法多用于面积不大的渲染，是直接将颜料调好后进行涂刷，强调用笔的触点，而不是任颜色流下。大面积的水粉渲染，则是用小板刷往复地刷，一边刷一边加色使之出现退晕，必须保持纸的湿润。运用直接法或连续着色法表现的效果图如图 7-7 至图 7-9 所示。

（2）仿照水墨水彩洗的渲染方法

水粉虽比水墨、水彩稠，但是只要图板坡度陡些也可使颜色缓缓顺图板倾斜淌下。因此，可以借用洗的方法作渲染，进行大面积的退晕。其方法和水墨、水彩基本相同，在此不再赘述。看起来水粉渲染技法是在水彩渲染的基础上引申出来的，只是使用的颜料稀湿程度不同罢了，而实际上正是由于颜料的不同，水粉渲染在方法步骤

图 7-7 用板刷直接画天空的效果图

图 7-8 用连续覆盖退晕法表现的建筑水粉效果图

图 7-9　用直接渲染退晕法表现的景观效果图

和艺术效果上都形成了自身鲜明的特征。水粉颜料的覆盖力和附着力都较强，因此，水粉渲染对纸张的要求不是特别严格，一般水彩纸、绘图纸、纸板均可；画法步骤也不像水彩渲染那样呆板，可以先画重色后提亮色，也可以先画浅色后加重色，但一般是按从远到近的顺序进行渲染。水粉渲染过程中，许多色彩可以一次画到位，不用考虑留出亮色的位置，也不用层层罩色渲染，既省事又省时，对画面不满意时还可以反复涂改。水粉颜料的调配比水彩更方便自由，画面的色彩可以更丰富，画面显得更厚重。仿照水墨水彩洗的渲染方法的作品如图 7-10 至图 7-12 所示。

　　（3）点彩渲染法

　　这种方法是用小的笔点组成画面的，需要花费较长时间耐心细致地用不同的水粉颜料分层次先后点成。天空、树丛、水池、草坪都可以用点彩的方法，所表现的对象色彩丰富、光感强烈。点彩渲染法作品如图 7-13 和图 7-14 所示。

图 7-10　运用好水粉中水的含量进行自然渲染的作品

图 7-11　用洗的方法渲染的作品

图 7-12　层层罩染的水粉建筑作品

图 7-13　点彩渲染法使画面丰富多彩的作品

图 7-14　点彩渲染法风景作品

第八章

环境艺术设计中喷绘效果图表现技法 ·········

H UANJING

S H YISHU

S HEJI XIAOGUOTU

B IAOXIAN J IFA

◀ ◀ ◀ ◀

◀ ◀ ◀ ◀

　　喷绘包括喷与绘两个方面。按照效果图作画的步骤，可以先绘后喷或先喷后绘结合进行。喷绘技法既是传统技法，也是现代流行的技法，是现代设计中经常采用的色彩表现技法。喷绘的表现技法在于细腻的层次过渡和微妙的色彩变化，其关键是模板技术。在利用喷绘表现环境艺术设计效果时，最常见的是表现光的效果，即在光的作用下，空间和材质对光的反应。由于计算机喷绘技术的崛起，手工喷绘表现技法的应用已逐渐减少。

　　喷绘技法配合各类效果图技法，其工具有：界尺，也称戒尺、槽尺，作为划线导轨，用界尺引导上色，能使形体边缘线条利索而富有弹性；电吹风，可使颜色快干，提高工作效率；调色盘，搪瓷盘是一种代替调色盘的较好的工具，一般准备 2~3 个，就能保证足够的调色需求；辅助工具有曲线尺、水性彩色笔、圆规、美工刀、三角尺等。

第一节

喷绘渲染的表现特点 ◀◀◀

　　环境艺术设计效果图可以通过多种方式来表现，其中手绘效果图是设计师艺术素养和绘画基础综合能力的体现，能直观地向客户传达设计意图和情感，而且，随着时代的发展变革，手绘表现技法已成为检验建筑师和设计师的重要方面，手绘能力也成为必备能力之一。环境设计表现需要设计师具备手绘的能力，一张好的效果图应是设计和艺术的综合创造表现。手绘技法的表现并非想到就能画出，寥寥几笔就能展现思维轨迹，只有通过长期的、多方面的基础训练，才能将臆想中的三维空间在二维空间中表现出来。设计效果图无论是室内设计还是建筑环境都离不开透视，借助于透视制造出空间上的视觉真实，使空间界面具备一定规范的比例和尺度，才能再现设计构想，形成强有力的语言说服力。效果图离不开光影、材质等方面的塑造，只有对物体结构的解析，构图和色彩的布局有精心设计和安排，才能够充分地为设计方案提供最佳的视觉效果。因此，透视法则、素描基础、色彩理论是环境效果图表现必须具备的重要基础。

　　喷绘技法既是传统的技法，又是现代流行的技法。"传统"是指喷绘技法已有很长的历史，"流行"是因为喷绘表现的魅力始终不衰，并吸引人们不断对喷绘的工具、材料进行改进和创造，顺应了时代的潮流。喷绘的表现魅力就在于细腻的层次过渡和微妙的色彩变化等方面。今天喷绘工具已很先进，可供选择的喷绘专用材料（颜料、纸张及遮挡膜等）的品种也很多，喷绘已可以绘制十分精美细腻的绘画作品。由于喷绘可以轻松地表现柔和的色彩过渡关系，自如地表现色彩的微妙变化和丰富的层次，具有很强的表现力，且具有色彩细腻柔和、光线处理变化微妙、材质表现生动逼真的特点，因而在建筑及环境设计效果表现图领域的使用很广泛。喷绘渲染效果图如图 8-1 至图 8-5 所示。

图 8-1　表现出细腻的层次过渡和微妙的色彩变化的喷绘效果图

图 8-2　材质表现得生动逼真的喷绘效果图

图 8-3　色彩细腻柔和的室内设计喷绘效果图

图8-4　体现了扎实的素描基本功的喷绘效果图

图8-5　借助于透视制造出空间上的视觉真实感的喷绘效果图

第二节

喷绘渲染的表现方法 ◀◀◀

　　用喷绘的方法绘制环境设计效果图，画面细腻，变化微妙，有独特的表现力和现代感。它还具有可与其他表现手法相结合的特点，并且有分开作业、程序化强的优点。喷绘的一个重要技术就是采用遮挡的方法，制作出各种不同的边缘和退晕效果。常用的方法为采用专门的"覆盖膜"（一种透明的粘胶薄膜，能够紧密地吸附在纸面上而撕下时又不会损伤纸面），预先刻绘出各种场景的外形轮廓（通常可用针管笔事先描绘），按照作画的先后顺序，依次喷出各部分的形体关系及色彩变化，然后再用笔加以调整。也可采用硬纸板、各种模板和其他遮挡材料，并利用遮挡距离的变化来形成不同的虚实效果，表达各种场景下明暗和形体的变化。喷绘渲染表现作品如图 8–6 至图 8–11 所示。

图 8–6　具有现代感的室内喷绘作品

图 8–7　充分表现形体关系和色彩变化的喷绘渲染表现作品

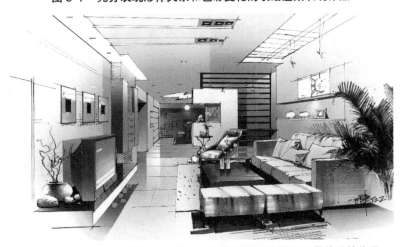

图 8–8　利用喷绘遮挡的方法制作出各种不同的边缘和退晕效果的作品

图 8-9 运用局部遮挡表现出特殊效果的喷绘作品

图 8-10 运用喷绘遮挡法使玻璃效果逼真的作品

第九章

环境艺术设计效果图的快题设计

第一节

分析题目及确立设计思想 ◀◀◀◀

　　作为快题设计都是有时间限制的。为此必须按照题目的深度要求，抓住题目的主要矛盾适可而止地进行解决，以达到节约时间、合理分配精力的目的。拿到题目以后，要认真研读设计课题、要求及完成的任务，不要因为时间紧迫而忽略了对于题目的研判。审题的时候不仅要认真读文字部分，也要详细研究题目的附图部分，因为很多限定条件是通过图面的方式传达的，例如周围交通环境。

　　作为快题设计均要对立意、总图、平面、立面、剖面、透视六方面进行考察，其目的就是看应试者如何塑造符合题意要求的特色空间。解题过程中，应根据题目文字和图面提供的环境功能要求和各种环境的制约因素，合理选择环境空间组合方式，并通过总平面图表达清楚，例如广场设计，应根据题目中所给环境现状，因地制宜，处理好广场与周围街道交通关系，尚应考虑停车和基地内外交通流线的组织，充分利用各空间形态构成要素，形成空间序列，使该广场具有高效的可达性、完善的功能性、良好的观赏性。与此同时，还要考虑公众在广场中的参与性、娱乐性。

第二节

图面表达效果 ◀◀◀◀

　　在作为应试的快题设计中有效的图面表达非常重要，其重要性应该占到30%左右，原因是在如此集中短暂的时间内是无法将环境设计做到尽善尽美的，那么就要通过合理的图面表达使应试者的思路、想法尽量得以体现，同时快题设计的评阅时间一般较为仓促，所以影响评阅的最重要的就是整体图面效果。

　　整体的图面效果是由专业的图面排版、合理的图面设计和良好的图面表现共同组成的。其中专业的图面排版是应试者专业素养的基本体现，应尽量按照平面在下，立面在上，剖面在侧的原则排版，图名、比例、尺寸、文字、符号、标高等都要按照规范的要求标注，各个分图绘制时要分清各种线型的关系。合理的图面设计是应试者专业素养的提升要求，即对于图面的平面、色彩构成设计，作为设计师对美的追求和对美的表现都在这里尽可能地表现出来，标题、标志的精心设计，图面整体的风格定位都要符合美学的基本原则。图面表现是对应试者制图艺术表现的考查，应试者应依据自己平时的习惯与特点选择运用自己最熟悉的表现工具及表现方式，一般来说图纸都采用铅笔作底稿，再以墨线徒手绘制，配景以勾线白描方式为主，依据时间的松紧选择将重点空间、重点面、重点配景进行上色。笔者推荐采用马克笔为主彩色铅笔画法为辅。马克笔表现主体物，包括暗部（阴影）、重点配景以突出主体，区分大的轮廓为目的。彩色铅笔表现次要配景，如周边草地、水面、天空等，树木的表现可用彩色铅笔后再用马克笔加一道阴影，显得更有层次感和立体感。有的学生在研究生入学考试的前一两个星期，将历年试题模拟练习，限定时间自己动手画一遍，对临场发挥是有很大作用的。总之在快题的解答中，只要注意功能合理，图面干净、清楚，表达清晰、完整，应会取得不俗的成绩。若还能有一点空间趣味表现和画少量的功能、空间分析图，则一定可以获得较高的分数。

第三节

合理有效的安排时间　《《《

　　通常作为环境艺术设计专业研究生入学考试所设置的快题设计考试时间为 3～8 小时，但目前来说 6 小时依然是主流，那么在如此短暂集中的时间内，怎么通过合理的时间分配达到完整提交优质成果的目的呢？无论哪种时间安排，其步骤都需强调第一步和最后一步的重要性。这两步都是对应试者总体把握设计能力的考察，其中仔细分析题目条件，理解出题者的用意，分辨问题的主次性都是极为重要的，即要开一个好头。最后一步是对应试者技术严谨性的考察，图纸表达应严格遵循设计专业技术规范，细心检查图面无遗漏、无笔误，强化图纸的阶段完整性是极为重要的，即要收一个好尾。应试者应将作为一名设计师必备的综合能力及专业素养在这两个步骤的考察中充分体现。

第四节

环境设计中效果图的快题设计案例　《《《

1. 单身公寓快题设计

单身公寓快题设计如图 9-1 所示。

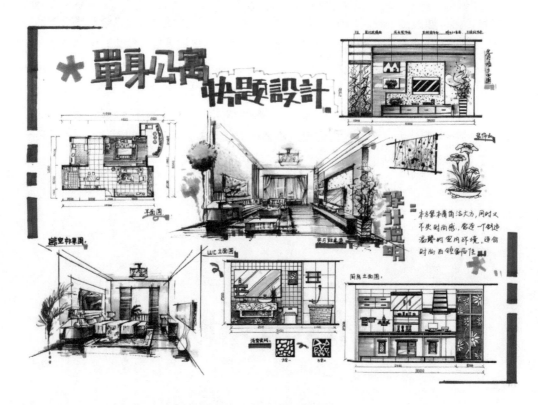

图 9-1　单身公寓快题设计

2. 客厅快题设计

客厅快题设计如图 9-2 所示。

图 9-2　客厅快题设计

3. 中式客厅快题设计

中式客厅快题设计如图9-3所示。

4. 别墅庭院快题设计

别墅庭院快题设计如图9-4所示。

5. 家居快题设计

家居快题设计如图9-5所示。

6. 现代家居快题设计

现代家居快题设计如图9-6所示。

7. 儿童房快题设计

儿童房快题设计如图9-7所示。

8. 单身公寓快题设计

单身公寓快题设计如图9-8所示。

9. 别墅快题设计

别墅快题设计如图9-9所示。

10. 公园景观快题设计

公园景观快题设计如图9-10所示。

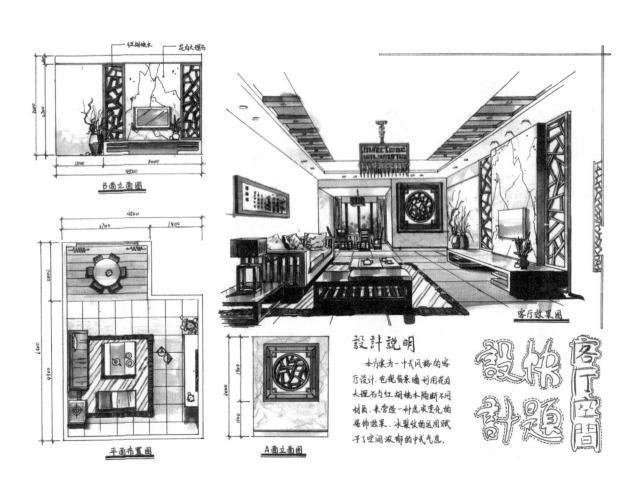

图9-3　中式客厅快题设计

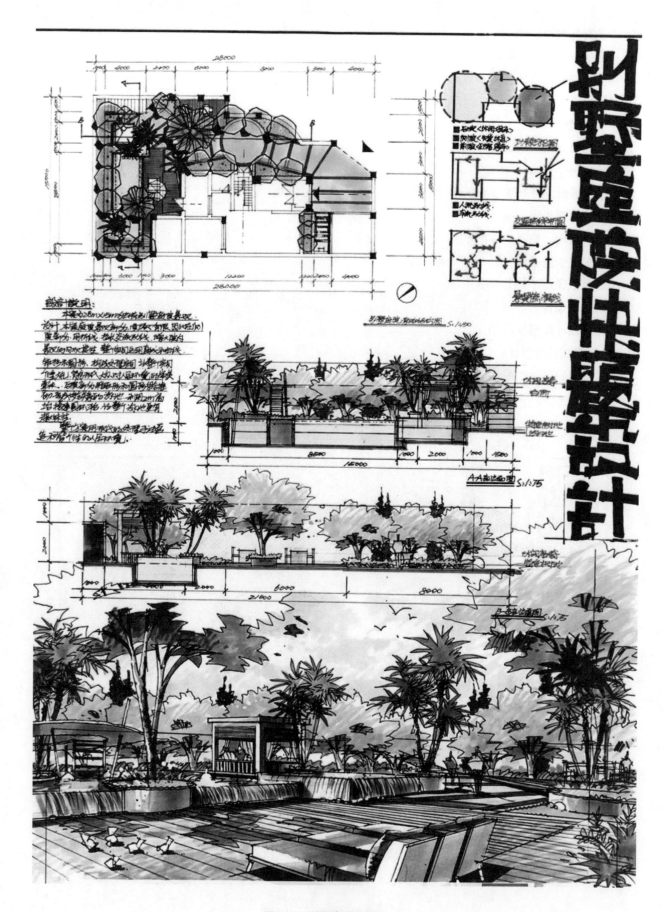

图 9-4　别墅庭院快题设计

图 9-5　家居快题设计

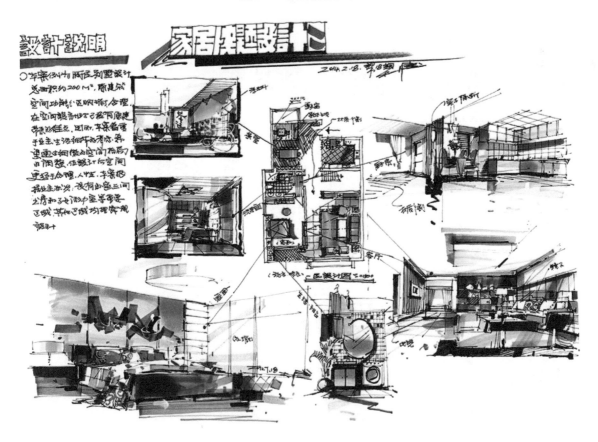

图 9-6　现代家居快题设计

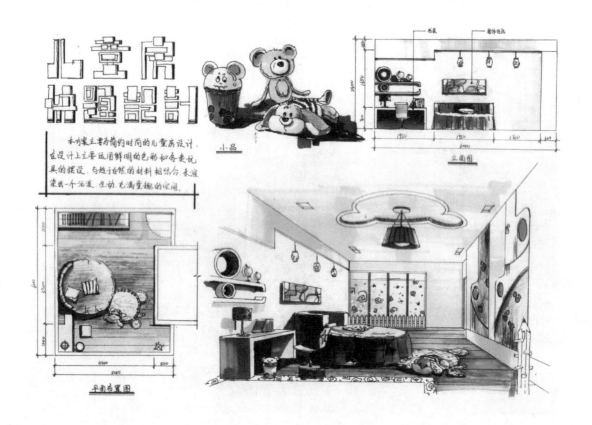

图 9-7　儿童房快题设计

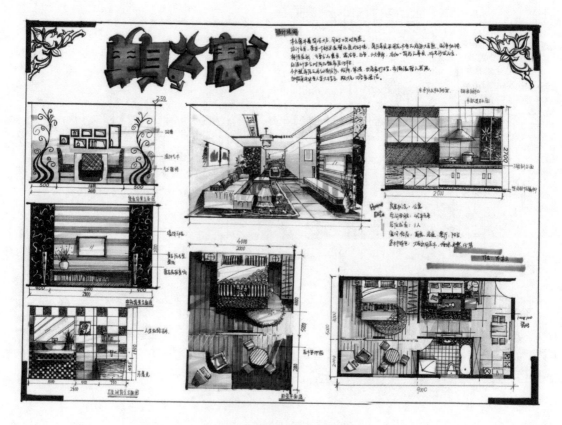

图 9-8　单身公寓快题设计

图 9-9 别墅快题设计

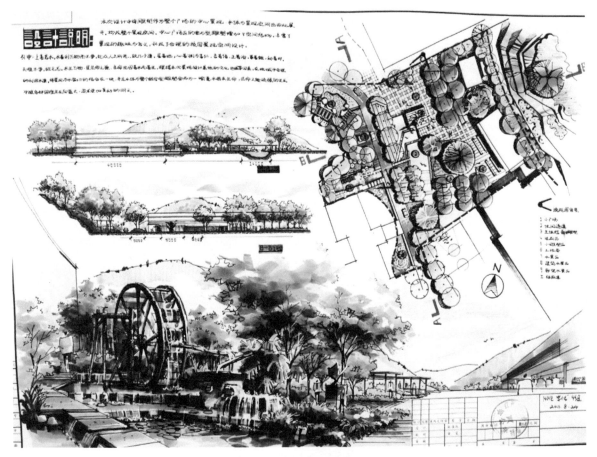

图 9-10 公园景观快题设计

第十章

优秀作品图例 ·····································

HUANJING

HYISHU

SHEJI XIAOGUOTU

BIAOXIAN JIFA

◀ ◀ ◀ ◀

◀ ◀ ◀ ◀

优秀作品图例如图 10-1 至图 10-42 所示。

图 10-1　作品一

图 10-2　作品二

图 10-3 作品三

图 10-4 作品四

图 10-5　作品五

图 10-6　作品六

图 10-7　作品七

图 10-8　作品八

图 10-9　作品九

图 10-10　作品十

图 10-11 作品十一

图 10-12 作品十二

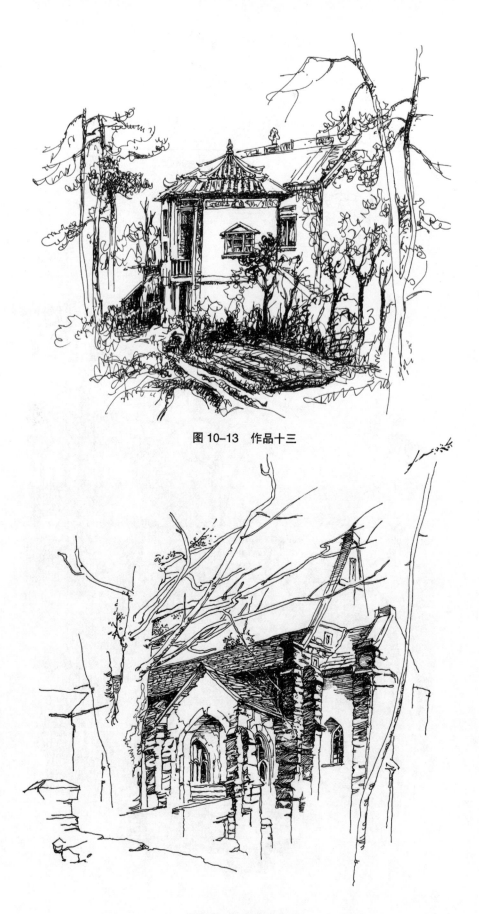

图 10-13　作品十三

图 10-14　作品十四

图 10-15　作品十五

图 10-16　作品十六

图 10-17　作品十七

图 10-18　作品十八

图 10-19　作品十九

图 10-20　作品二十

图 10-21 作品二十一

图 10-22 作品二十二

图 10-23　作品二十三

图 10-24　作品二十四

图 10-25　作品二十五

图 10-26　作品二十六

图 10-27　作品二十七

图 10-28　作品二十八

图 10–29 作品二十九

图 10–30 作品三十

图 10-31 作品三十一

图 10-32 作品三十二

图 10-33　作品三十三

图 10-34　作品三十四

图 10-35　作品三十五

图 10-36　作品三十六

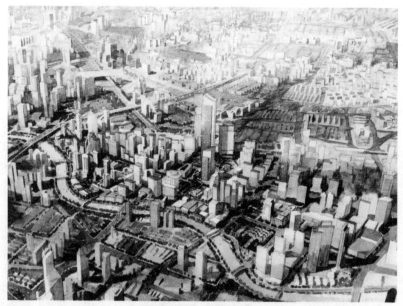

图 10-37　作品三十七

图 10-38　作品三十八

图 10-39　作品三十九

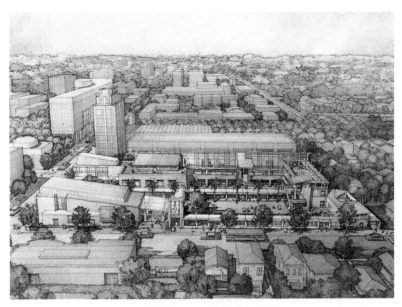

图 10-40　作品四十

图 10-41　作品四十一

图 10-42　作品四十二

[1] 陈红卫.陈红卫手绘表现技法[M].上海：东华大学出版社，2013.

[2] 杨健.室内空间快题设计与表现[M].沈阳：辽宁科学技术出版社，2011.

[3] 夏克梁.建筑钢笔画[M].沈阳：辽宁美术出版社，2009.

[4] 张汉平，沙沛.设计与表达——马克笔效果图表现技法[M].北京：中国计划出版社，2004.

[5] 〔美〕约翰·沙克拉.设计——现代主义之后[M].上海：上海人民美术出版社，1995.

[6] 〔美〕程大锦.室内设计图解[M].乐民成，译.北京：中国建筑工业出版社，1992.

[7] 杨健.家居空间设计与快速表现[M].沈阳：辽宁科学技术出版社，2003.

[8] 柯美霞.室内设计手绘效果图表现[M].沈阳：辽宁美术出版社，2005.

[9] 〔英〕比尔·里斯贝罗.西方建筑[M].陈健，译.南京：江苏人民出版社，2001.

[10] 符宗荣.室内设计表现图技法[M].北京：中国建筑工业出版社，2004.

[11] 韦自力.居室空间效果图——马克笔快速表现技法[M].南宁：广西美术出版社，2007.

[12] 谢尘.建筑场景快速表现[M].武汉：湖北美术出版社，2007.

[13] 张绮蔓，郑曙旸.室内设计资料集[M].北京：中国建筑工业出版社，1996.

[14] 席跃良.环境艺术设计效果图表现技法[M].北京：清华大学出版社，2006.